東京の美しいドボク鑑賞術

北河大次郎
小野田滋
紅林章央
高柳誠也

X-Knowledge

川端康成と今和次郎に導かれて

「美しいドボク鑑賞術」という言葉を見てピンとくる人はどれほどいるだろうか。橋、鉄道、水門、発電所、水道など、何の変哲もないインフラ施設を見て何が楽しいのか。そもそも施設のどこを見ればよいのか。そんなすっきりしない思いも、土木鑑賞の達人たちの言葉を聞けば、少しは解きほぐされよう。

橋は、やつぱり船から見るのが一等美しいですね。橋の裏の鉄骨の組み合わせを水の上から見上げると、科学的な計算、力学的な構成——さういつた、機械時代の近代感覚がほんたうに感じられます。…力強い鉄の美しさよ。

（川端康成『新東京名所』１９３０）

日本の伝統美を流麗な筆致で描いた和服姿の川端康成からは想像しにくいが、彼は若い頃、モダニストのほとばしる感性で、東京の土木を活写していた。裏から見た橋が美しい——なかなかマニアックな見方ですね。

この真直ぐなコンクリイトの街は、生き生きした力に溢れている。都会の新しい血が流れてゐるさうだ。

（川端康成『絵の匂ひから』１９３０）

自動車時代の到来を象徴する昭和通りを、恋人と車で滑走する「近代感覚の喜び」。小説の登場人物の思いが土木と響き合う。思えば『伊豆の踊子』の天城山隧道にせよ、『雪国』の清水隧道にせよ、川端の小説では、土木構造物が物語を動かす重要な役割を果たしている。路上観察という趣味の世界を、学問の領域にまで高めた今和次郎《こんわじろう》も負けていない。

昭和２年（1927年）に完成した聖橋とニコライ堂（所蔵：土木学会附属土木図書館）

飯田橋駅ホーム。牛込見附と飯田橋とを繋ぐ８００尺のカーブは曲線美の新感覚だ。

（今和次郎『新版大東京案内』１９２９）

プラットホームの美。さすが玄人好みの鋭い着眼点である。
感性を刺激する川端と今の即物的な土木鑑賞術は、実は都市論、文明論にも繋がっていた。

（聖《ひじり》橋の）マッシブな美は附近のニコライ堂と相俟って特異な高踏的風景を現出している（同前）

地下鉄道は余りに散文的である。最も近代的な散文の一例。なぜならば、上野浅草間を、最も短い直線で、最も短い時間で交通する――その交通機関の目的以外には、いかなる無駄な詩もないからである。……このやうな地下鉄道にこそ、未来の文明の多くの暗示を見出す。

（川端康成『新東京散景』１９２９）

川に対して斜めに架かる聖橋の軸線は、ニコライ堂のドームにまっすぐあたる。この見事な都市造形は、パリのソルボンヌ礼拝堂が複数の街路の軸線状にあるのと同様、日本のカルチエラタン・御茶ノ水の重要な舞台装置であった（今はビルに隠れて見えない）。
また川端の言う通り、地下鉄は効率性を追求する近代の精神を見事に体現していて、迷路状の路地が醸し出す豊かな情緒は存在しない。ただ萩原朔太郎の「地下鉄道（さぶうぇい）にて」のように、この無機質な空間から新たな詩が生まれたのも事実で、そこに近代という時代の奥深さがある。

このように、時代を先取りする思索に先人たちを誘ったのが、東京のドボク鑑賞であった。それから約1世紀、東京の土木は今もわれわれの知的好奇心を刺激し続けている。

北河大次郎

III章 都心南エリア

IV章 都心西エリア

V章 隅田川・荒川エリア

VI章 新宿・渋谷エリア

写真　大村拓也
ブックデザイン　米倉英弘（細山田デザイン事務所）
DTP　竹下隆雄（TKクリエイト）
コラムイラスト　増田 奏
印刷　シナノ書籍印刷

本書に掲載した内容は2023年3月現在のものです。実際に見学する際は、安全に配慮し、十分に気をつけて見学ください。一部、非公開や限定公開の構造物も含まれています。非公開などの構造物については無断で立ち入らないようご注意ください。

複数の土地にまたがっている橋などの構造物については「／」で区切って所在地を表記しています。

地図の方位はすべて、上方向が北を示しています。

I章 台場・有明エリア

八丁堀駅
有楽町駅
門前仲町駅
銀座駅
06
勝鬨橋
越中島駅
新橋駅
月島駅
築地大橋
勝どき駅
05
晴海橋梁
潮見駅
浜松町駅
豊洲駅
新木場駅
04
台場
お台場海浜公園駅
東京テレポート駅
東京
ビックサイト駅
07
ゆりかもめ
（東京臨海新交通臨海線）
02
若洲風力
発電施設
東京国際
クルーズターミナル
テレコム
センター駅
01
東京ゲート
ブリッジ
03
東京港（青海埠頭）
02
東京臨海
風力発電施設
500m
1km

01　この場所だからこそ「恐竜橋」に

東京ゲートブリッジ【平成24年】

日本や世界に一つだけという橋が東京には何橋かある。平成24年（２０１２年）に開通した東京ゲートブリッジもその一つ、世界でここでしか見られない橋だ。鋼鉄製の「トラスボックス複合構造」という長い名の構造。両側のトラス部分と中央の桁橋《けたばし》部分（ボックス桁）を連結させた構造である。連結させることにより、耐震性や維持管理性がアップする。

橋はまるで2頭の恐竜が向かい合っているように見えることから「恐竜橋」とも呼ばれる。なぜ、このような特徴的な形になったのだろうか？

橋が架かる地点は東京港の玄関口に当たり、大型船が出入りする主要航路。このため、航路として幅３００メートル以上、海面から橋桁の下端まで50メートル以上という大きな空間が求められた。この条件だけなら構造や工事費など様々な点で優位な「斜張橋《しゃちょうきょう》」が架けられていたかもしれない。しかし、もう一つ物理的制限が加わった。羽田空港が近くにあるため、空域制限により

羽田空港から近いので、橋梁の高さ（海面からトラス最上部までの高さ）は海面から100mを超えないよう87.8mに抑えられている。飛行機と橋をセットで写真に収めることも可能

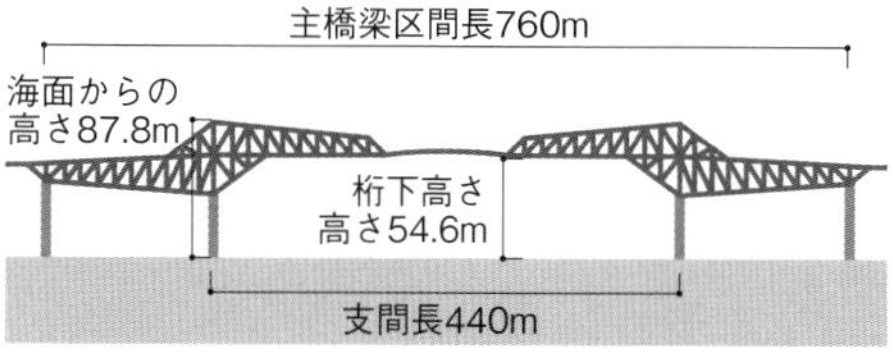

航路限界高さ（船舶が通ることができる海面から橋桁の下端までの限界の高さ）54.6m、上と下からの制限が「トラスボックス複合構造」の特殊な形に導いた

information

所在地：東京都江東区若洲3丁目1／中央防波堤

若洲海浜公園まではJR・東京メトロ・りんかい線「新木場駅」からバスに乗り「若洲キャンプ場前」で下車。下車後徒歩約7分、歩道部は10時～17時まで通行可能（夏期の金・土曜は20時まで、毎月第3火曜日など閉鎖日あり）。若洲側昇降施設のみ歩道部に上がることができるので注意

大田区城南島と江東区若洲を結ぶ東京港臨海道路にある東京ゲートブリッジ。若洲海浜公園の南側からは橋越しに富士山が望める

海面から約100メートル以上のものは建設できなかったのだ。上と下から厳しく抑えられた結果、このような横に伸びた特殊な形の橋がつくられることになった。

大きな橋の写真を撮ろうとすると、障害物があったりして、橋全体を収めるよいアングルがなかなか見つからないことが多い。しかしこの橋は、東側に若洲海浜公園が広がっているため、写真を撮るのに苦労しない。特に海沿いに公園の南端まで足を運べば、海越しに橋脚と橋脚の真ん中に富士山を拝める。冬の早朝に雪が積もった富士山を狙うもよし、夕暮れに富士山と都心の高層ビル群を配するもよし、素晴らしい一枚が撮れること請け合いである。橋のディテールを収めたいなら、エレベーターで橋上の歩道へアクセスできる。

世界的な照明デザイナー・石井幹子氏によるライトアップは、季節により色が変わり、夜ならではのゲートブリッジの魅力を存分に見せてくれる。

［紅林］

02 東京湾の海風を受ける国内最大級の風車

東京臨海風力発電施設・若洲風力発電施設

【平成15年・16年】

写真手前の2基が海の森（中央防波堤内側埋立地）にある東京臨海風力発電施設（東京風ぐるま）。写真奥の1基が若洲海浜公園内にある若洲風力発電施設。中央防波堤側から見ると、3基の風力発電と東京ゲートブリッジが同時に見渡せる

東京ゲートブリッジの周辺地域には、風力発電施設があるのをご存じだろうか。東京オリンピック2020のボート会場にもなった、海の森水上競技場近くにある東京臨海風力発電所には850キロワットの出力を持つ2基の風車がある。まだ日本では風力発電が普及し始めて間もない平成15年（2003年）に建設され、「東京風ぐるま」の愛称で親しまれている。

　また、海を挟んだ若洲公園内にも大きな風力発電の風車が立っている。これは1つのブレード（羽）の長さが約40メートル、タワーと合わせると約100メートルもの高さにもなる巨大インフラである。定格出力［※］は1950キロワット、年間想定発電量は270万キロワットアワーとなり、これは一般家庭（4人家族）500〜600世帯分を一基でまかなえる計算になる。

　東京風ぐるまは、実は若洲のものに比べて少し小ぶりなサイズ。これは羽

※ 指定された条件下で、安定して出力できる最大の出力のこと

間近にみると迫力がある東京臨海風力発電施設（東京風ぐるま）。ブレード（羽）の中心までの高さは約44m、先端までは約70m、直径は約52mある。奥に見えるのは令和2年に開通した海の森大橋

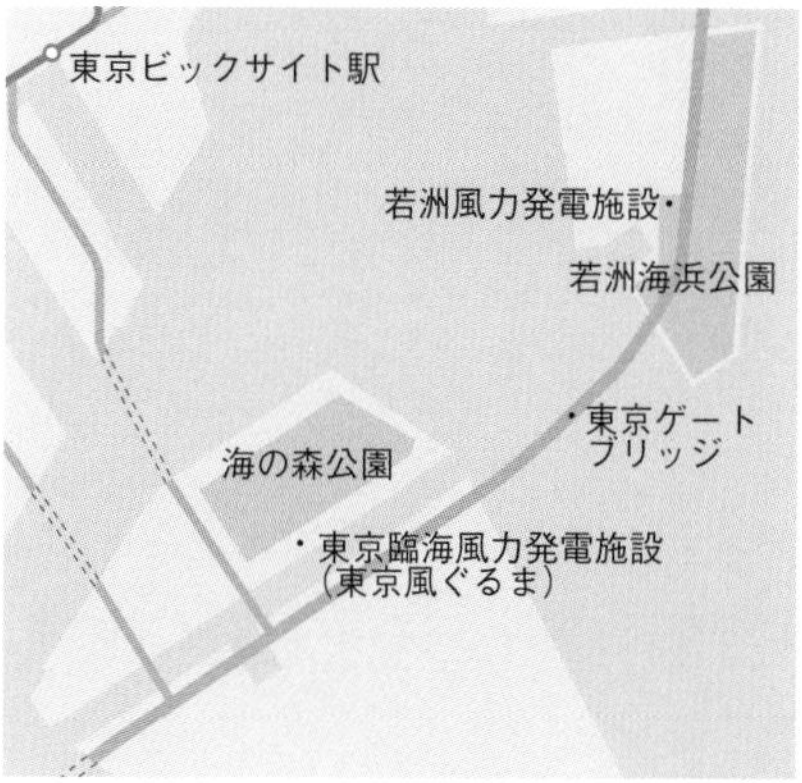

田空港との立地の関係が影響している。東京湾に面しているこれらの風力発電は、羽田空港による空域制限と、航空保安無線に関する規制をクリアするために、風車の大きさや基数、そして各基の立地（距離）が決められているのだ。羽田空港から飛行機に乗る際には、離陸直後や着陸直前に注意深く見てみてはいかがだろうか。

大都市周辺では一般的に騒音や電波障害の恐れがあるため、風力発電施設をつくりにくいと言われている。そんな中、東京では身近にかつ間近にスケールの大きい風車を見ることができる。東京湾に吹く海風を受け止めて回るブレードの迫力をぜひ体感してみてほしい。

［高柳］

information

所在地：【東京臨海風力発電施設】東京都江東区海の森3丁目6　【若洲風力発電施設】東京都江東区若洲３丁目２　【東京臨海風力発電施設】りんかい線「東京テレポート駅」またはゆりかもめ「テレコムセンター駅」からバスに乗り「環境局中防合同庁舎前」で下車後、徒歩約13分（海の森にはお台場など電車の駅からは徒歩でアクセスできないので注意）【若洲風力発電施設】JR・東京メトロ・りんかい線「新木場駅」からバスに乗り「若洲キャンプ場前」で下車後、徒歩約4分

03 東京の物流を支える巨大港

東京港（青海埠頭）

東京港の埠頭の中でも、巨大なコンテナ船とガントリークレーンを間近に見られるのが青海埠頭だ。すぐ横にある青海南ふ頭公園から、迫力のある姿を写真に収めることができる

港の街「東京」を感じる

コンテナ船に貨物、クレーンがつくりだすダイナミックな風景を間近に見られるのが青海埠頭

青海南ふ頭公園に一番近いバースが、5つのバースのうちで岸壁が最も長い第4バース（約400m）。バースは第0から始まり4まで。青海埠頭の対岸には、東京港で最も大規模な大井埠頭も見ることができる。大井埠頭は全長2,354m、7バースが連続する世界的にも大規模な埠頭である

ゆりかもめに乗ってお台場に向かうと、東京の「港」としての姿が見えてくる。東京港は平成10年（１９９８年）から20年連続で外貨コンテナ取扱数国内一を誇る日本を代表する港である。東京港のコンテナターミナルは主に青海《あおみ》埠頭とその対岸にある大井埠頭で構成されている［※1］。

　青海埠頭は全長１５７０メートルの岸壁［※2］を有し、船が貨物の積み下ろしなどを行うために停泊するスペース、バースが５つも連続して設置された大規模コンテナターミナルだ。コンテナ貨物などの積み卸しを行うガントリークレーンは９基。その揚程《ようてい》（地上からフックまでの高さ）は50メートル近いものもあり、港のダイナミックな風景をつくりだしている。

　東京における港は、関東大震災を契機に日の出、芝浦、竹芝の埠頭が建設され、本格的な埠頭として歩み始めた。戦後、高度経済成長期に入ると世界的にコンテナによる輸送が物資輸送のメインとなっていったことから、東京港はコンテナに対応した大規模港として開発されていく。大井埠頭は１９７０年代、青海埠頭は１９８０年代から徐々にコンテナターミナルとして規模を大きくし、今に至っている。近年では、さらなるコンテナ船の大型化や取扱量増加に対応するため、各埠頭の改良工事や中央防波堤外側埋立地にも港湾整備が進められるなど、埠頭として歩み始めて１００年近く経った現在も進化を続けている。

　令和２年（２０２０年）には、青海埠頭の北側に、東京国際クルーズターミナルが完成している。ロビーやテラスからはレインボーブリッジをはじめ、東京港のスケールの大きい風景を眺めることができる。また、テレコムセンター駅からすぐの場所にある東京臨海部広報展示室「ＴＯＫＹＯミナトリエ」は東京港の歴史を知ることができるとともに、窓からは埠頭の全体像を見ることができるおすすめのスポットである。

［高柳］

※1 正式にはコンテナ埠頭として「青海コンテナ埠頭」と「大井コンテナ埠頭」という
※2 船舶を係留する港湾施設の一つの呼び方で、港湾施設の海に面する部分と考えて差し支えない

青海ふ頭公園からは、クレーンの背後にあるコンテナ置き場も見ることができる。6列ひと塊になって積まれたコンテナが向こうまで並ぶ姿は壮観。門型の重機はトランスファークレーンといい、コンテナの整理を行うもの。コンテナは幅約2.4m、高さ約2.6または2.9m、長さ約12.1mのものが海上輸送では一般的に使われる

新たな東京の玄関口として2020年にオープンした東京国際クルーズターミナル。大型クルーズ客船も寄港できるようになった。現在は、岸壁は1バース430mだが、将来的には2バース680mに拡張する計画がある（編集部撮影）

information

所在地：【青海埠頭】東京都江東区青海3丁目　【大井埠頭】東京都品川区八潮2丁目　青海埠頭が見られる青海南ふ頭公園まではゆりかもめ「テレコムセンター駅」から徒歩約6分。青海南ふ頭公園の隣にある青海北ふ頭公園の対岸には東京国際クルーズターミナルがある。青海南ふ頭公園からは徒歩約10分

04 黒船への備えが使われる機会を失い現代へ

台場【嘉永7年】

レインボーブリッジのたもとに、石垣で囲まれた小さな島が2つ浮かんでいる。嘉永6年（1853年）のペリーの浦賀来航直後、翌年の再来航に備えて幕府が急遽建設した砲台である。台場公園として見学できるのが「第三台場」、立入禁止の無人島が「第六台場」と呼ばれている。

当初は、こうした台場を海上に11基、海辺の御殿山下に1基［※1］つくる計画であった。結局実現したのは8基に留まったが、それでも幕末最大級の土木工事であった。同時期、全国で千ヶ所近く台場がつくられたが、そのほとんどが海際の陸地に立地したのに対し、海上に築かれた点も貴重である。

設計は、蘭書から西洋の要塞技術を習得し、それを長崎伊王島台場や小田原台場で実践した経験が買われて御台場御普請《ふしん》御用掛《ごようがかり》を命ぜられた江川英龍《ひでたつ》である。彼は十字砲火による砲撃を念頭に置いて、台場をジクザグに配置する計画を立てた。ただ実際の配置は、地形に大きく左右される。そもそも江川

※1 品川区立台場小学校の敷地形状に当時の面影が残る
※2 江戸時代、幕府や藩が施工する土木工事をつかさどる役職
※3 布積は整形した石を横に目が通るように規則的に積むもの、乱積は大きさや形が不ぞろいな石を不規則に積むもの

現在は「台場公園」として開放されている第三台場。砲台として使用されるはずだった名残で中央が凹んだ地形になっている

は、東京湾口の富津《ふっつ》（千葉）・走水《はしりみず》（神奈川）間に砲台を築くのが海防上最も効果的と考えていたが、資金も技術も不足していたこの時代、期限内に最大水深約40メートル地点に砲台を築くことなど到底不可能だった（それが東京湾第三海堡《かいほ》として実現するのは大正10年のこと）。そこで彼は、凸凹に入り組んだ品川沖の遠浅地形の各先端部に台場を置き、ジグザグ形に整えたのである。

石垣は、海底の軟弱地盤に木杭を打ち込み、角材を組んだ上に、隅を算木積で整えて、間の積石は布積、乱積［※3］で築き上げている。布積部分には、亀甲積《きっこうづみ》［※4］風に積んで安定性を高めた箇所もある。また工事方式については、労働力を夫役《ぶやく》（労働で納める課役）などでまかなう旧来の方式ではなく、専門家集団が施工する請負方式がとられている。それを大規模に展開した点も画期的で、建設事業近代化の試金石になったともいえよう。

結局ペリーが想定より半年早く再来航したため、工事は間に合わなかったが、艦隊が江戸まで進出しなかったため事なきを得た。またその後も、列強からの侵略は軍備ではなく、外交手段によって回避されたため、この施設はいわば無用の長物と化すわけだが、その経緯も弱小後進国の国防のあり方として、どことなく教訓的である。［北河］

上：台場の中央付近、低地になっている場所には、勤番者が寝泊まりする陣屋があり、その基礎が現在も残る。基礎からは横に長い建物であったことがわかる
下：実践では使われなかったが、かまど跡や復元された砲台、火薬庫跡など台場の面影があちこちに残る

information

所在地：東京都港区台場1丁目10-1
ゆりかもめ「お台場海浜公園駅」から徒歩約13分。レインボーブリッジの遊歩道からはフジテレビ本社を背景に第六台場を正面から望める。さらに芝浦側に進めば保全のため立ち入り禁止となっている第6台場も眺められる

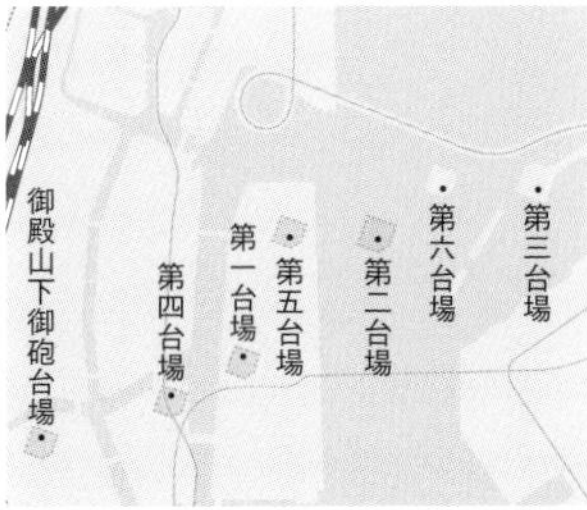

※4 石を六角形に加工して積み上げるもの

晴海や豊洲のタワマンが立ち並ぶなかに時間が止まったかのような廃線跡が残る、都心には珍しい風景。長らく観賞するだけの存在だったが、2021年から耐震補強工事が行われており、のちに遊歩道化される予定（2022年撮影）

05 東海道新幹線の習作 都心にひっそりと佇む廃線跡

晴海橋梁【昭和32年】

昭和32年（1957年）に完成した晴海《はるみ》橋梁は、鉄道用としては日本で最初のローゼ橋として設計され、側径間に当時の最新技術であったプレストレストコンクリート（PC）［※］桁を用いるなど、注目すべき当時の最新技術が導入された。橋が架かっているのは、江東区の晴海運河である。ここにはかつて越中島と晴海埠頭を結ぶ鉄道として東京都の貨物専用線が存在した。

東京都の専用線は、昭和28年から段階的に始まったGHQによる晴海埠頭の接収解除にあわせて建設され、船舶からの貨物輸送や小野田セメント、日本水産、日東製粉の専用線として機能した。ところが、貨物専用線は平成元年（1989年）に物流の主流がトラックに変わっていったことを背景に廃止されたため、もはや晴海橋梁を渡る貨物列車の姿を見ることはできない。現在は廃線跡として橋梁も立入禁止となっている。だが、ほぼ平行して道路橋（晴海橋）が架かっているので、そのレトロな姿は至近距離で鑑賞することができる。

中央に架かる58・8メートルのアーチ橋は、専門用語で「ローゼ橋」と呼ばれる形式で、優美で安定感のあるスタイルが特徴である。ローゼ橋は、長いスパンを一度に跨ぐためのアーチ橋として発達したが、昭和戦前期には鉄筋コンクリートの道路橋として小規模な橋梁がいくつか実現した程度であった。

ローゼ橋の前後に架かる桁橋《けたばし》は、当時の最新技術であったPC（プレスコン

※ あらかじめコンクリートに圧縮力を加えることでひび割れを防止し、強度や耐久性を高めた構造材

クリート）の技術を用いて完成し、3径間分（3スパン分）を一体化させた「連続桁」になっている。PCの技術は、鉄筋コンクリートよりも、より強度があり優れた構造として開発され、晴海橋梁では鉄道橋として日本で初めてこれを連続桁として架設した。

当時の最新技術が凝縮された晴海橋梁の設計と建設は、事業者である東京都から国鉄に委託されたのだが、ローゼ橋もPC桁もその直後に着工した東海道新幹線で採用された。つまり晴海橋梁は東海道新幹線の「習作」として位置付けることもできる。［小野田］

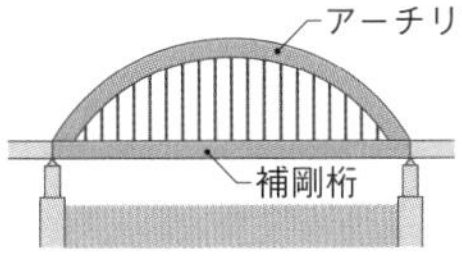

ローゼ橋はアーチ橋の一種で、アーチ部分（アーチリブ）と桁（補剛桁）の両方で力を負担するもの。アーチ部分が太くなるのが特徴

information

所在地：東京都中央区晴海2丁目／江東区豊洲2丁目　東京メトロ・ゆりかもめ「豊洲駅」または都営大江戸線「月島駅」から徒歩約10分。晴海橋梁と平行する晴海橋のほか、豊洲側にある晴海橋公園からもよく見える

06 パナマ運河にも匹敵した眠れる可動橋

勝鬨橋【昭和16年】

隅田川に架かる橋で、国の重要文化財に指定された橋が3橋ある。震災復興で架けられた永代橋、清洲橋、そして昭和16年（1941年）に架橋された勝鬨橋《かちどき》だ。

勝鬨橋の構造は、建設時に東洋最大と謳われた「跳開《ちょうかい》式可動橋」。かつて、船を通すために、1日に5回も橋の中央が「ハの字型」に開いていた。開く橋桁の重量は片側約千トン。それがわずか70秒で開橋したという。

勝鬨橋が架けられた理由は、都心から東京市が造成した晴海《はるみ》や豊洲などの埋め立て地へのアクセス改善。これにより埋め立て地の付加価値を高め、高値で売却するための販売促進が最大の目的だった。昭和15年には、皇紀2600年（桓武天皇即位を元年とする暦）を記念して晴海を会場に万国博覧会の開催を計画。これも埋め立て地の認知度を高め、販売を促進するという営業戦略の一環で、勝鬨橋はこの会場へのメインゲートの役割も担っていた。加えて、東京市は庁舎を丸の内から晴

建設当時は厚い鋼板がつくれなかったため、鋼板を何枚も重ねてリベット（鋲）でそれらをつなぎまとめていた

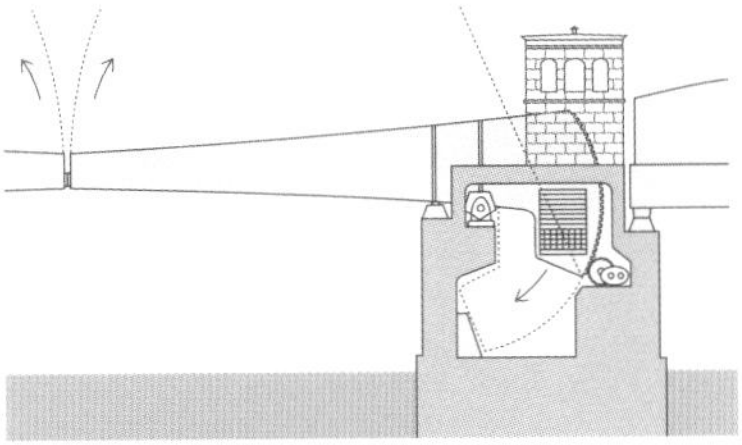

勝鬨橋の跳開式可動部分

船舶の往来が見渡せる建屋にある機械室。当時の機械が残されている

「ハ」の字に開く中央の跳開部分と両端のアーチ橋からなる可動橋。開通当時は1日に5回決まった時間（事前予約）に開いて、船が通航していた

海に移転を計画。勝鬨橋は、ウオーターフロント開発の中枢を担うはずであった。

しかし、万博は戦況の悪化により中止。市役所移転も都心選出の議員らが反対して頓挫。建設資材の調達の遅れから1年程遅れた勝鬨橋の開通は、寂しい幕開けになった。もし万博が開催されていたら、もし市役所が移転していたら、東京の重心は湾岸に移り、50年後の平成の開発を待たずに、「湾岸の時代」を迎えていたことだろう。

もう一度、動くことはあるのか……

勝鬨橋をわざわざ可動橋にしたのは、橋より上流に造船所や離島航路の船着場があり、普通の橋では航行する大型船の障害になったからである。可動部の水路幅は30メートル、これはパナマ運河の閘門《こうもん》部と同じで、3千トン級の船を通すという国際規格を満たすものであった。しかし、戦後の高度経済成長期になると大型船の航行が激減、反

橋上にたつ4つの建屋は、それぞれ運転室、見張り室、倉庫、宿直室と機能が異なる。写真は銀座方の運転室

比例するかのように橋を通過する自動車交通が激増して渋滞が顕在化。ついに昭和45年11月29日を最後に橋は跳開を停止した。

橋の跳開は電動で行われた。当時、交流電流だと安定したモーター制御が困難だったことから、銀座方の橋詰めに変電所を設置し、受電した交流電流を直流電流に変換していた。この変電所は平成17年（2007年）にリニューアルして「かちどき橋の資料館」としてオープン。当時の発電機をはじめ、開閉する勝鬨橋の模型、図面、写真など貴重な資料を展示している。また、予約制で運転室や橋脚内部に設けられた機械室などの見学ツアーも実施されている。

勝鬨橋は、昭和45年の閉橋以降も、幾度となく再開橋が話題に上ってきた。直近では、2020東京オリンピック大会に向け再開橋が検討された。機械や電気類の詳細調査を行ったが、結果は不可であったという。橋が動いていたのが30年間、閉じてからはそれより長い50年が経過した。巨大な機械にとってこの期間はあまりに長すぎたのだろう。

さて、平成30年に勝鬨橋の下流側に、築地大橋が架橋された。鋼鉄製の「中路式バランストアーチ橋」。軽快さ、そして橋の上で開放感を感じるように、アーチ同士を上部で繋げず、2本のアーチを外側に傾斜させ独立して配した。これも国

隅田川の玄関口に新たなシンボルが登場

築地市場から豊洲市場への移転時に、早朝この築地大橋の上を「ターレ」と呼ばれる運搬車が行列をなして渡ったことが話題になった。東京の新たな風景として定着しつつある

内には、ここだけにしかない。名橋そろいの隅田川にあって、その系譜を引き継ぐのにふさわしい一橋が誕生した。［紅林］

築地大橋

アーチリブを歩道側に約14度傾斜させた特徴的なシルエットの築地大橋。2つのアーチが上部でつながらず、空に向かって開いているので開放感がある

information

所在地：東京都中央区築地6丁目19・20／勝どき1丁目1・13　都営大江戸線「勝どき駅」から徒歩約4分。築地大橋は勝鬨橋から下流に約500m、勝どき側にある隅田川テラスを通って行き来できる

07 タイヤで走る特殊な鉄道

ゆりかもめ（東京臨海新交通臨海線）

【平成7年】

新交通システムの厳密な定義はないが、広義には2本のレールの上を走る一般の鉄道とは異なる手段で走る特殊な鉄道ということになる。しかし、モノレールのように歴史のある交通機関に対して「新」という名称はふさわしくなく、狭義には、「自動案内軌条式旅客輸送システム」（AGT［※1］）と呼ばれているゴムタイヤ車輪の小型軽量車両を使用した案内軌条式鉄道を示す言葉として使われている。

狭義の新交通システムは、空港のターミナル間を移動する手段として海外の飛行場などでも用いられているが、これを交通機関として使いこなしている都市は世界的に見ても数少ない。しかし、日本ではモノレールと同様に各地に新交通システムが普及し、地下鉄道を含む普通鉄道を補完する中量輸送の交通機関として機能している。

日本の新交通システムは昭和40年代後半から遊園地（京成谷津遊園）や博覧会（沖縄海洋博）で試用されたが、本格

※1 Automated Guideway Transit
※2 開通当初は現在の位置よりも100mほど有明寄りにある仮駅だった。平成13年に現在の位置に移転

的な営業線は昭和56年（1981年）に開業した神戸市の神戸新交通ポートアイランド線（愛称「ポートライナー」）で、同年には大阪市交通局南港ポートタウン線が開業した。その後も埼玉新都市交通伊奈線、西武鉄道山口線、横浜新都市交通金沢シーサイドライン、神戸新交通六甲アイランド線などが建設され、急曲線・急勾配が可能で建設コストが軽減され、コンピュータ制御による無人運転などにより運用コストも少ないという長所を活かして普及した。

この新交通システムが初めて東京に登場したのは平成7年（1995年）のこと。東京臨海新交通の東京臨海新交通臨海線（愛称「ゆりかもめ」）として新橋（仮）［※2］から有明間の延長11・9キロメートルが開業した。この路線は都心と開発が進められていた臨海副都心（東京テレポートタウン）を結ぶための公共交通機関として計画され、平成5年に完成していたレインボーブリッジ［30頁］に併設された専用軌道を通って対岸に渡った。愛称の「ゆりかもめ」は開業時から用いられ、のちに正式な会社名も「株式会社ゆりかもめ」とした。レインボーブリッジの芝浦側アプローチ区間をループで登坂し、海沿いの高架線を軽快に走る姿は、あたかも東京湾を軽やかに舞うゆりかもめのようである。

［小野田］

有明埠頭橋付近からのゆりかもめ。フジテレビや観覧車（現在は解体）とともにお台場の景色をつくってきた。平成18年に有明駅から豊洲駅まで延伸し、現在は延長14.7㎞に

information

所在地：東京都港区新橋・東新橋・海岸・台場、江東区青海有明・豊洲　有明埠頭橋（右写真）へはゆりかもめ「東京ビックサイト駅」から徒歩約5分

レインボーブリッジ芝浦側にあるループ橋を軽快に走る。レインボーブリッジの遊歩道から見ることができる

東京をつくったエンジニア

【前編】

日本の土木エンジニアは、建築家と異なり、公務員つまり組織の人間であることが多いが、中には個人としての輝きを放つ者もいた。ここでは、東京をつくり出した「七人の侍」ならぬ「七人のエンジニア」を紹介しよう。都市東京の全体像を描いた原口（明治期）・太田（大正期）・山田（昭和期）と、水道、河川、橋など個別分野のリーダー的存在だった中島、米元、青山、田中の7人である。

［北河］

原口 要《かなめ》
1851-1927年
長崎県生まれ
アメリカ・レンセラー工科大学卒

明治前期の東京の土木事業をリードしたエンジニア。第1回文部省貸費留学生の一人として明治8年より米国レンセラー工科大学で土木を学び、帰国後は東京府御用掛として市区改正意見書の作成を担当した。道路・河川・水道・公園の他、パリ大改造でも実現しなかった鉄道を組み込んだ大計画であった。中央停車場（東京駅）や新橋からの煉瓦造連続アーチ高架橋も、ペンシルバニアの高架橋建設やベルリン視察の経験をもつ原口が最初に唱えた。

［北河］

中島鋭治《えいじ》
1858-1925年
宮城県生まれ
東京大学理学部卒

「日本の近代水道の父」と呼ばれる。明治16年に東大を首席で卒業後、同大学の助教授に就任。19年に母国に帰国した恩師のワデル教授（橋梁工学）の後を追い、渡米し留学。その後、東京府知事富田鉄之助らの要請で衛生工学（水道）に転向した。帰国後、東京市水道技師（内務省技師兼務）に就任し、玉川上水に代わる淀橋浄水場建設などの東京の近代水道計画を策定した。28年には東大教授を兼務し、31年には東京市技術系トップの技師長に就任し、東京水道に合併した渋谷町水道、荒玉水道、江戸川水道など東京周辺の水道をはじめ、名古屋市、仙台市、鹿児島市など全国各地の水道建設を指導した。

［紅林］

米元晋一
1878-1964年
山口県生まれ
東京帝国大学工科大学卒

「日本の下水道の父」と呼ばれる。明治36年に東京市水道課に入る。中島鋭治は東大時代の恩師。後に土木課に異動し、日本橋の設計・監督の主任技師として従事する。日本橋の開通では、米元の肖像を写した絵葉書も発行され人気を博した。開通後は新設された下水道課に異動し、国内初の近代下水である三河島汚水処分場建設の計画にあたった。大正6年から東大の講師となり、上下水道を担当。10年に東京市を退職後は、横浜市、和歌山市、岩国市をはじめ、全国各地の上下水道建設の指導にあたった。

［紅林］

白金高輪駅
芝浦ふ頭駅
泉岳寺駅
高輪ゲートウェイ駅
08
品川駅
レインボーブリッジ
お台場海浜公園駅
五反田駅
天王洲アイル駅
大崎駅
Ⅱ章
品川・羽田エリア
大井町駅
10
大井車両基地
西大井駅
大井競馬場駅
09
東京モノレール
大森駅
11
京急蒲田駅
12
羽田空港
羽田空港第2ターミナル
羽田空港第1・第2ターミナル
羽田空港第3ターミナル駅
多摩川
多摩川スカイブリッジ
500m 1km

08 東京を代表する吊り橋

レインボーブリッジ【平成5年】

東京の橋と聞き思い浮かべるのは、年配の方であれば日本橋や勝関《かちどき》橋が多いと思うが、若い人ではレインボーブリッジをイメージする人が多いのではないだろうか。2020オリンピック東京大会では、五輪のオブジェがお台場に置かれ、レインボーブリッジの姿が連日世界に向け放送された。現代の東京を代表する景観である。

橋の構造は2階建ての鋼鉄製の吊り橋。吊り橋のつくり出す懸垂曲線が柔らかく優美である。ニューヨークのブルックリンブリッジやロンドンのタワーブリッジ、ブタペストの鎖橋など、世界の大都市を彩る橋には吊り橋が多い。

2本の主塔間の距離は570メートル、実は吊り橋としては大きい方ではない。橋マニア的には、どうして斜張《しゃちょう》橋《きょう》にしなかったのかと疑問に思うところ。その答えは、斜張橋だと吊り橋に比べ、主塔が高くなり羽田の航空制限に支障すること、バックステイ（後方の指示部材）用の土地がより必要になり

お台場海浜公園から望む。東京の景観として定着したレインボーブリッジが開通したのは平成5年（1993年）8月26日。隅田川に架かる中央大橋の開通と同日だった。開通式が中央大橋は午前、レインボーブリッジは午後に行われた。午前中は晴天であったが、午後は一転して大雨に。荒天でテープカットも難航した。橋の色やデザインは、各界の著名人が募った景観検討委員会で決定した。委員には、作詞家の阿木燿子氏や服飾デザイナーの森英恵氏などの著名人も名を連ねた

芝浦側では陸上の用地取得が新たに生じること。このため、吊り橋が選ばれた。もし、斜張橋だったら横浜ベイブリッジの二番煎じになるところだった。吊り橋で大正解だったと思う。

橋脚は航路幅500メートルを確保するよう建てられ、また海面から橋桁下端までの高さは、帆船の日本丸が満潮時にマストを畳まず航行可能な50メートルで決められた。ちなみにこの高さは、建設当時、世界最大級の客船だったクイーンエリザベス2世号の航行にはわずか数メートル足りなかったため、残念ながら建設以降は東京港に寄港できなくなった。

レインボーブリッジが架かる以前、東京港を横断する2つの橋が計画されていた。一つは台場などの埋め立て地の開発を推進する東京都によるもの、もう一つは首都高による横羽線と湾岸線の連絡路をつくろうというもの。2者は協議を重ね、合同で1本の橋を架けることに決着。その結果、橋は2層構造で、1階部分を一般道路と新交通システム「ゆりかもめ」［26頁］が、2階部分を首都高速台場線が通ることになった。

橋の構造は、ゆりかもめの車両システムの選定にも影響した。もし、モノレールをレインボーブリッジに通そうとすると、橋を拡幅する必要があり、吊り橋のたわみに追随できる新たな軌道の開発も必要であった。ところが、こ

芝浦ループ橋は約30mの高低差を解消するために直径約270mの大きな弧を描くこの形が採用された。レインボーブリッジはこの芝浦ループ橋を含む芝浦側アプローチ部1465mと吊り橋部918mと台場側アプローチ部1367mの全長3750mの橋梁。この長い橋と同時期に工事が行われたのが新宿都庁だ。どちらも事業費は約1,900億円だった

れらは現在のゆりかもめのような新交通システムでは不要であった。ゆえに、現在のゆりかもめが選ばれたのである。

レインボーブリッジは、主塔と主塔の間隔が５７０メートルなのに対し、主塔の外側の長さは１１４メートルずつと著しく短い。このため橋を真横から見るとアンバランスで、あまり美しくない。そんな中、おすすめのレインボーブリッジのビューポイントは２つ。ゆりかもめは自動運転のため、先頭の運転席に座ることができるが、一つ目はこの運転席からの眺望。新橋発豊洲行きの車両に乗り、芝浦のループ部を上る時。走行につれレインボーブリッジがグングン近づき、アングルを変えながらフロントガラス一杯に広がる。間近で見ると、その大きさと美しさに圧倒される。二つ目は、オーソドックスだが、お台場から眺める風景。橋を斜めから眺めることになるため、アンバランスさが気にならない。背後に東京タワーや都心の高層ビルを従え、「ザ・東京」の風景が展開する。

2層構造となったレインボーブリッジ。上層が首都高速台場線、下層が一般道路とゆりかもめ。橋の名を刻んだ親柱は写真左のアンカレイジ付近の地上部に。横長の赤御影石の親柱がちょっと寂し気に置かれている

レインボーブリッジの隠れた名所 通称「芝浦ループ橋」

橋梁としてのレインボーブリッジは吊り橋部と両側のアプローチが側からなり、芝浦側にあるのがこの芝浦ループ橋

北側の歩道・ノースルート。お台場から歩いて行くとカーブする歩道とともにレインボーブリッジの吊り橋部が見えてくる。サウスルートは台場［18頁］を上から見ることができ、天候によっては富士山まで望める（編集部撮影）

そして、レインボーブリッジのもう一つの楽しみは、歩いて渡れることだ。大きな吊り橋は自動車専用で歩道はないことが多いが、レインボーブリッジは1階の両側に歩道が併設されている。芝浦側のアンカレイジ内のエレベーターを上がると、一挙に橋の歩道にアクセスできる。エレベーターは、南北それぞれの歩道ごとに1基ずつあるが、途中で橋の横断はできないので、気を付けていただきたい。南北歩道のうち、私が好きなのは北側。東京タワーや晴海《はるみ》、豊洲などの眺望がパノラマで広がる。東京の今を確実に瞼に焼き付けることができる素晴らしい景観である。［紅林］

information

所在地：東京都港区海岸3丁目／台場1丁目　芝浦側の遊歩道入口まではゆりかもめ「芝浦ふ頭駅」から徒歩約5分、お台場側の遊歩道入口まではゆりかもめ「お台場海浜公園駅」から徒歩約10分。全長約1.7㎞。遊歩道は無料、季節によって営業時間が異なる

09 ウォーターフロント「東京」の風景

東京モノレール【昭和39年】

高浜運河を斜めに横断する東京モノレール（五色橋から望む）。奥には大井車両基地へとつながる新幹線の引き込み線も見える。モノレールは用地買収が困難な土地や反対運動が起こった土地をできる限り避けて、水上を通す計画となった

現行の「鉄道事業法施行規則」という省令の中では、鉄道の種類については8種類［※］に区分しており、そのうち「懸垂式鉄道」「跨座《こざ》式鉄道」がいわゆる「モノレール」と呼ばれる交通機関である。「懸垂式」は軌道の下に車両がぶら下がる方式のモノレールで、地方鉄道法に基づいて実用化されたのは、昭和32年（1957年）に上野動物園内で開業した東京都交通局上野懸垂線が最初であった。「跨座式」はというと、昭和39年に開業した東京モノレールが最初であった。ちなみに、モノレールには、遊園地内の遊具として使われるモノレールや、ミカン畑や山林などで使われている急斜面の運搬用の簡易なモノレールもあるが、これらは公共交通機関ではないため、法令上は鉄道として扱われない。

導入期のモノレールの大半は外国の技術に依存していて、日立・アルウェーグ式（西ドイツ→日立／跨座式）、日本ロッキード式（アメリカ・ロッキード社

※ 普通鉄道」「懸垂式鉄道」「跨座式鉄道」「案内軌条式鉄道」「無軌条電車」「鋼索鉄道」「浮上式鉄道」「前各号に掲げる鉄道以外の鉄道」の8種類

↓川崎航空機工業・川崎車両・日本電気・西松建設など／跨座式)、日本エアウェイ・サフェージュ式（フランス・サフェージュトランスポール社↓日本エアウェイ／懸垂式)、東芝式（東芝／跨座式）が試みられた。東京モノレールは、このうち日立・アルウェーグ式による最初の実用線で、昭和35年に日本高架電鉄を設立し、東京オリンピックの開催時を目標として羽田・新橋間を結ぶことを計画した。この計画は、高速道路の計画と競合したため消極的な意見も多く、新橋駅周辺も新幹線の工事などで輻輳《ふくそう》し、予定されていた運河沿いのルートもこれを利用する倉庫会社が建設に反対するなど難航した。

紆余曲折を経て昭和37年に都心のターミナルを浜松町に設けることに変更し、翌年より着工。路線は、羽田空港から京浜運河沿いに北上し、東海道本線を跨いで浜松町駅の西側に接続した。開業時の延長は13・1キロメートル（現在は延伸して17・8キロメートル）で、うち5.9キロメートルの区間が公有水面上を通過した。

工事は海沿いの軟弱地盤や埋立地、空港の隣接地を通過するため、特殊工法が採用されている。羽田空港B滑走路の下にあるトンネルでは「シールド工法」を、海老取川河口トンネルではあらかじめドックで組み立てた函体《かんたい》（ボックス型の構造体［沈埋函《ちんまいかん》］）を現場へ曳《えい》航《こう》して、沈めたのち連結する「沈埋工法」と呼ばれる工法を採用。また、運河上の橋梁建設では橋桁をブロックごとに継ぎ足して工事する「ディビダーグ工法」を用い、軌道桁（レール部分の桁）にはプレストレストコンクリート桁を多用してスマートで耐久性に優れた軌道構造を実現した。

こうして特殊工事を屈指し建設を進め、昭和39年に車両も現地に到着して試運転が行われた。その際、社名も「東京モノレール」に変更して新しい交通機関であることをアピール。そして、ついに東京オリンピック開催に先立つ同年9月16日に開業した。

外国の特許技術によってもたらされた日本のモノレールであったが、実は外国では交通機関としてほとんど普及せず、日本だけが各地にモノレールを普及させて現在に至っている。そのさきがけとも言うべき東京モノレールは、羽田空港へのアクセス路線としてすっかり定着した。また、ウォーターフロントに並ぶ高層ビルやタワーマンション群を背景として颯爽と海上を通過する姿は、現代の東京を象徴する鉄道景観となった。

［小野田］

紆余曲折を経て、完成

建設用地にも地盤にも翻弄されながら、オリンピック直前に完成。海上を走る東京モノレールは外から眺めても、乗っても楽しめる鉄道となった

京浜運河上を走る東京モノレール（鮫洲付近）。地上10～20mの位置を走るが、途中で橋を避けるために高さが変わる場所もある。橋脚の形状や構造が場所によって異なることにも注目したい

天空橋駅～羽田空港第3ターミナル駅区間の東京モノレール。浜松町方向から来たモノレールは、海老取川を横断するため一度地下に潜り、羽田空港に入って一度地上に顔を出すが再び地下へ、また地上へ、最後は地下へ潜る……と上り下りを繰り返す。最後に地下に潜ると滑走路の下を走り、終点の羽田空港第2ターミナル駅へと至る

information

所在地：東京都港区海岸・芝浦・港南／品川区東品川・東大井・勝島／大田区平和島・昭和島・大森南・羽田空港／実際に乗るほか、京浜運河沿いや天王洲周辺など、沿線を歩いて眺めるのも楽しい。五色橋（34頁写真）へはゆりかもめ「芝浦ふ頭駅」から徒歩約14分

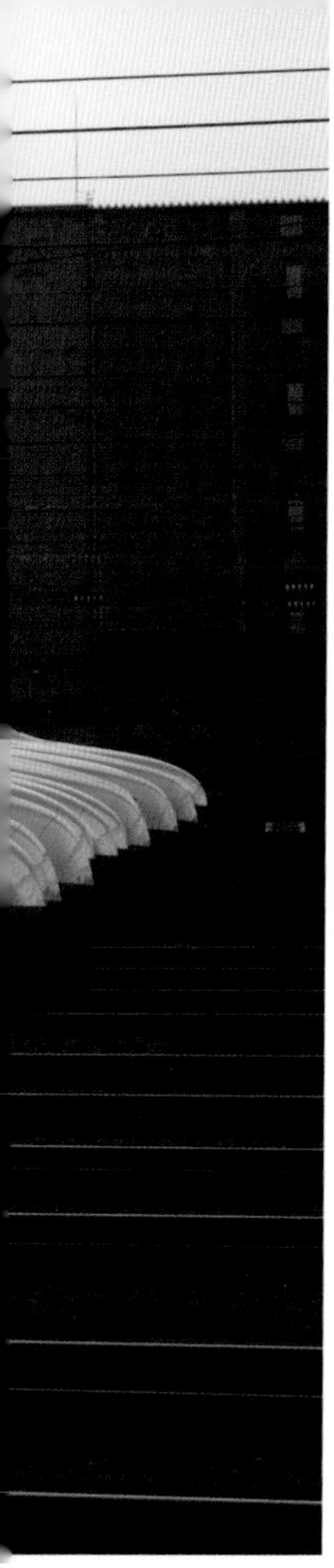

車両の点検や修繕なども行われる大井車両基地にはドクターイエローが止まっていることも。南側に車両基地、北側に東京貨物ターミナル駅が連続する広大な敷地

10 ひっそりと眠りにつく新幹線

大井車両基地

【昭和48年】

鉄道車両にも「ねぐら」があって、一般に「車両基地」と呼ばれている（名称は鉄道事業者によって異なる）。列車は車両基地から出発して勤務が始まるが、鉄道業界ではこれを「出庫」と呼んでいる。出庫した列車は駅に到着し、ここでお客さんを乗せて目的地の駅へと向かうが、単純に往復するだけの列車もあれば、何往復かし、あちこちを寄り道してからねぐらに戻る列車もある。行程は列車ごとにまちまちで、これを「運用」と呼んでいる。運用を終えた列車はどこかの車両基地に入るが、これを「入庫」と呼んでいる。入庫した列車は整備・点検や清掃を済ませてから次の出番までねぐらで体を休め、しばしの眠りにつくこととなる。

新幹線の「ねぐら」も全国各地にあるが、東海道新幹線の東京のねぐらが大井埠頭に広がる通称「大井車両基地」である。東海道新幹線は、一編成の長さが約400メートルあり、これを何編成も留置し、かつ検査や整備のための施設も必要となるため、広大な面積を確保しなければならない。

東海道新幹線が開業した昭和39年（1964年）の東京の車両基地は品川駅の東側に隣接していたが、その後の列車本数の増加で手狭となり、昭和48年に東京運転所大井支所として大井埠頭に新たな車両基地を設け、同時に隣接してコンテナ専用の貨物ターミナルとして東京貨物ターミナル駅が完成した。

品川の車両基地は平成4年（1992年）に廃止されて跡地は品川インターシティとして再開発されたため、東海道新幹線の東京のねぐらはすべて大井埠頭に統合され、現在に至っている。ねぐらに整然とそろう新幹線の姿は、あたかも轡《くつわ》をそろえて休む駿馬のようである。

［小野田］

上：轡を整然とそろえた新幹線は、車両基地でしばしの休息をとりながら次の出番を待つ
下：大井車両基地の南側にある北部陸橋からは、田町駅方向から大井車両基地につながる引き込み線（回送線）を通っていく新幹線を望むことができる

information

所在地：東京都品川区八潮3-2-92　東京モノレール「大井競馬場前駅」から徒歩約15分

11 羽田空港へスマートにつながる重層立体構造の分岐駅

京急蒲田駅【平成24年】

京急こと京浜急行電鉄の京急蒲田駅は、明治34年（1901年）2月1日に京浜急行電鉄の前身である京浜電気鉄道の「蒲田」として開業し、翌年には蒲田～穴守《あなもり》間の穴守線（現在の空港線）も開業し、分岐駅としても機能した。その後、大正12年（1923年）4月に専用軌道を新設し、同14年11月には「京浜蒲田」（のち「京急蒲田」に改称）に改めた。

穴守駅へ至る穴守線は、穴守稲荷神社の最寄駅や羽田海水浴場への輸送機関として機能したが、昭和6年（1931年）にはその先に羽田飛行場が開港した。羽田飛行場はやがて東京国際空港となって、東京の空の玄関口として急速に発展し、穴守線も東京オリンピックを翌年に控えた昭和38年に空港線に改称したが、空港連絡鉄道としてはほとんど機能せず、地域輸送にとどまっていた。

東京国際空港への乗入れが実現するのは、平成5年（1993年）に穴守稲荷駅～羽田駅（現在の天空橋駅）が開業してからで、京急本線からの直通列車

空港線の線路は京急蒲田駅─大鳥居駅までが立体二層式の高架に。上は地上から18mほど、下は9mほどの高さ。早期に高架化ができることから、高架事業の6割をもともとあった線路の上に建設している

京急蒲田駅から羽田空港へと至る空港線。上り線と下り線で上下2層になっている。下り方面は駅に到着すると逆方向に進むスイッチバック方式がとられている

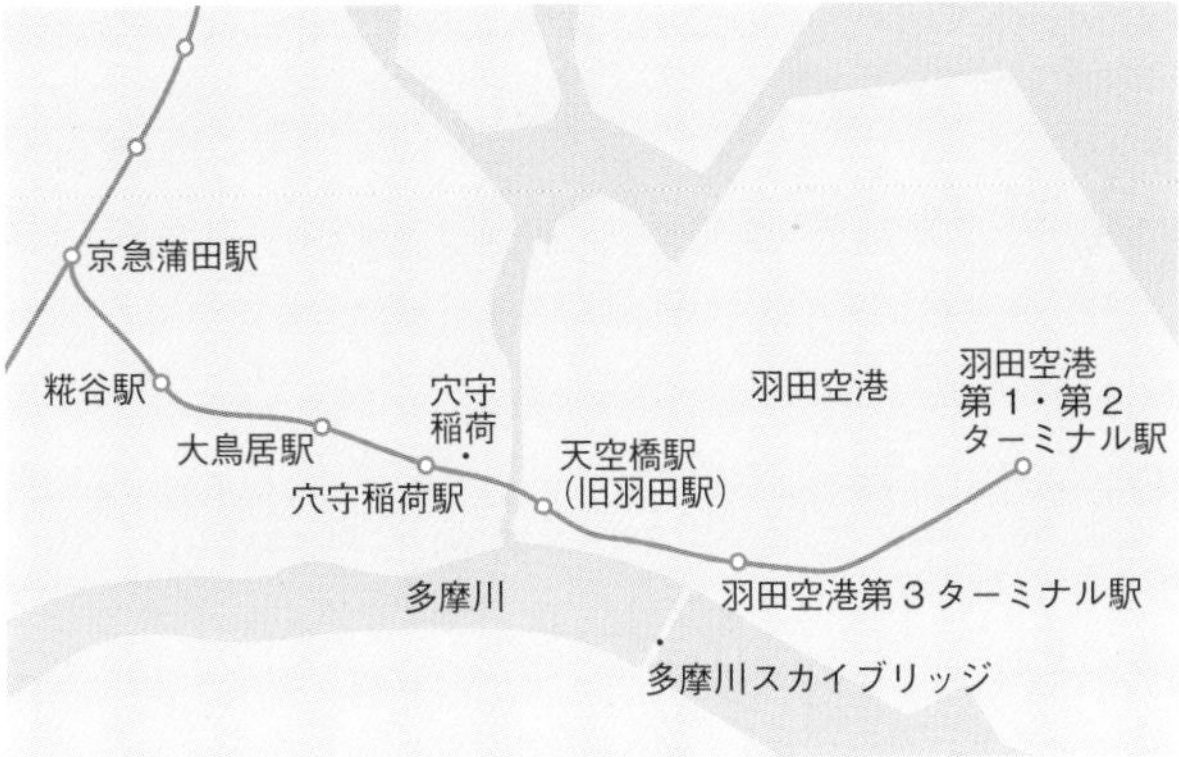

information

所在地：東京都大田区蒲田4丁目50-10　重層立体になった高架橋は「京急蒲田駅」東口を出たところにある歩道橋からよく眺められる。見学したら、そのまま京急空港線にのって羽田空港［次頁］に行ってほしい

が運転を開始した。平成10年にはさらに羽田空港駅［※］に達して、空港線は空港アクセス鉄道として機能することになった。そして本線との分岐駅である京急蒲田駅を重層立体構造の分岐駅とする高架化工事が開始された。工事は電車の運転を確保しつつ、狭隘《きょうあい》な鉄道用地をやりくりしながら進められ、平成24年（2012年）に京急本線の京急蒲田駅前後の区間と空港線の京急蒲田駅～大鳥居駅間の高架化が完成した。高架化工事の完成によって、本線と空港線のアクセスは飛躍的に向上し、京浜急行の新たな要衝として発展を遂げることとなった。

　重層立体構造は、プラットホームを上下2層に配置した構造で、2層構造の高架駅とすることによって用地費を節約することができ、乗換えも便利になり列車の競合も最小限に抑えることができるなどのメリットがある。分岐駅の重層立体化は、同じく平成24年に京王電鉄・調布駅で分岐する京王線と京王相模原線が行われている。［小野田］

※ 現在の羽田空港第1・第2ターミナル駅

12 大都市沿岸部ならではがつまった土木風景
羽田空港

羽田空港は世界で5番目に利用者の多い空港である。コロナ禍前では国内線国際線あわせて1日20万人以上が利用していたという。年々増える発着便数に対応するため、平成22年（2010年）にはD滑走路が完成し、現在は4本の滑走路によって運用されている。

このD滑走路は、ターミナルや他の滑走路とは別に、小さな島のように南側に単独でつくられている。飛行機は連結誘導路（橋）で向かう必要がある。最大の特徴は、桟橋と埋め立てのハイブリッド構造であることだ。つまり、西側は柱脚によって支えられて、東側は埋め立てた地盤で支えられているのだ。どうしてそのようなハイブリットの構造になったのだろうか。

D滑走路は多摩川の河口部に位置し、河川の流れを妨げることなく生態系などへの影響も最小限となるように、すべてを埋め立てるのではなく、一部を桟橋としたのだ。そもそも滑走路工事は、平坦であること、水たまりができ

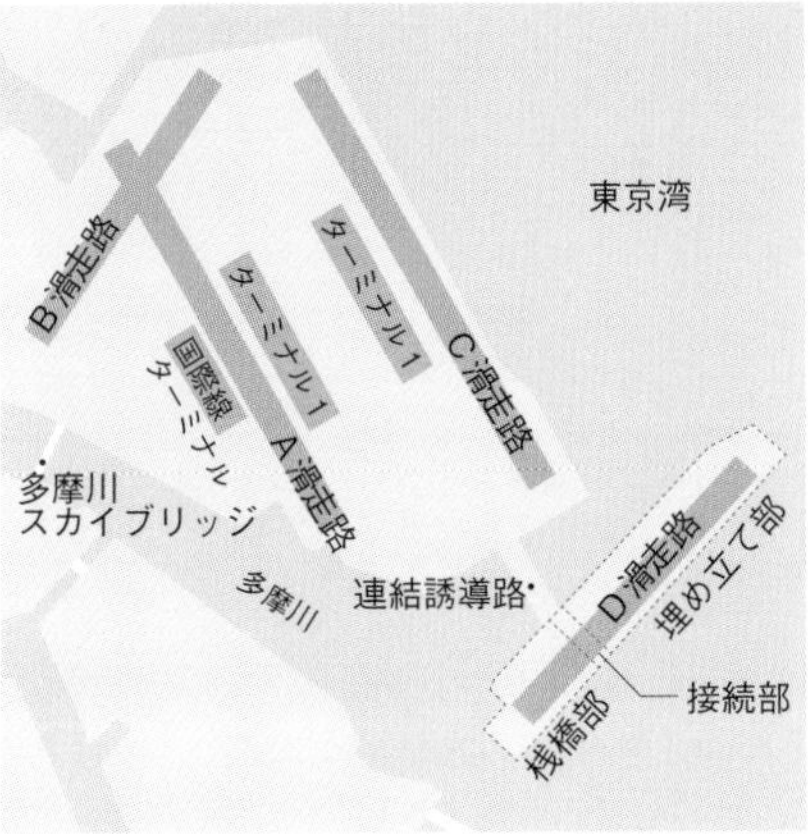

多摩川スカイブリッジからD滑走路を望むと、滑走路だけでなく着陸誘導灯や地下に潜っていくところの東京モノレールなど土木的見所がたくさんある。シーズンによっては干潮になった浜辺で潮干狩りを楽しむ人も

D滑走路の桟橋部の脚部は、100年間使用できるという要求水準を満たすため、耐海水性ステンレス鋼という耐久性のある素材で覆われている。また、桁下はチタン製のカバープレートで覆われている。その結果、特徴的なシルバーの輝きを放つ滑走路に

ないような勾配であること、そして飛行機の離発着等での荷重にも耐えることなど要求水準が高く、難しい工事である。D滑走路の工事は、さらに橋脚の腐食や地震、地盤沈下に対する策も必要かつ、限られた工期の超難工事といっても過言ではなかった。日本の土木技術の高さの結晶としての滑走路と見ることもできるだろう。

空港は風向きによって使用する滑走路や離発着の向きが変わり、飛行機のルートも変わる。また、ルートに合わせて「空域制限」と呼ばれる規定が設定されている。飛行にあたって一定の空域（エリア）は障害物がない状態に保たなければならないため、実は空港近くから東京湾沿岸は、その影響を受けて建物や構造物の高さが制限されている。東京のスカイラインの形成には、羽田空港とその空域制限との関係によってもたらされたものでもある。

空港周辺には、令和4年（2022年）に多摩川スカイブリッジが開通した。桁高を抑えた複合ラーメン橋とし

橋の名所でもある羽田空港

優雅な曲線を描く橋は、羽田空港と相まって壮観な風景をつくりだしている

多摩川スカイブリッジ

多摩川の河口に架かり、東京と神奈川を結ぶ全長約675mの多摩川スカイブリッジ。最大支間長は約240mもあり、複合ラーメン橋としては日本最大級を誇る。多摩川河口の干潟を保全するため、橋脚の数は2本と少なく、また川の生物への夜間照明による影響を少なくするために、照明柱を立てずに、欄干にライトを設置するなど環境にも配慮されている

ては日本最大級の支間長を誇る。河口部の干潟などの環境に配慮した美しい橋は、土木界の最高名誉、土木学会田中賞を受賞している。他にも第1ターミナルと第2ターミナルをつなぐ羽田スカイアーチも見物だ。「アーチ」と名がつくものの斜張橋《しゃちょうきょう》となっている面白い構造となっており、こちらもまた田中賞を受賞している。

　羽田空港やその周辺には、大都市沿岸部ならではの土木がたくさん詰まっている。その魅力に触れてみてはいかだろうか。

［高柳］

羽田スカイアーチ

羽田スカイアーチは羽田空港第Ｉターミナルと第2ターミナルを結ぶ連絡橋。アーチ橋に見えるが、アーチ型の主塔から桁を吊った斜張橋。アーチの支間長は160mである。1993年に完成した羽田空港ターミナルのランドマークである

information

所在地：【羽田空港】東京都大田区羽田空港【多摩川スカイブリッジ】東京都大田区羽田空港2丁目／神奈川県川崎市川崎区殿町3丁目　多摩川スカイブリッジまでは京急空港線・東京モノレール「羽田空港第3ターミナル駅」から徒歩約12分

III 章

都心南エリア

飯田橋駅
水道橋駅
16
新見附濠・
牛込濠
神保町駅
九段下駅
竹橋駅
市ヶ谷駅
14
千鳥ヶ淵
13
江戸城石垣
四ツ谷駅
半蔵門駅
皇居
15
弁慶濠・溜池
信濃町駅
永田町駅
18
明治神宮外苑
17
日本水準原点
赤坂見附駅
桜田門駅
日比谷駅
溜池山王駅
国会議事堂駅
青山一丁目駅
外苑前駅
虎ノ門ヒルズ駅
新橋駅
20
愛宕トンネル
六本木駅
神谷町駅
御成門駅
19
東京タワー
大門駅
200m 400m
赤羽橋駅
浜松町駅

13 石垣の見本市さながら
江戸最大の土木遺構

江戸城石垣【江戸時代】

「無」（vide）をテーマに、日本を独自の視点で読み解いた記号論者ロラン・バルトによると、東京の中心は「無」であるという。樹木に覆い隠され、濠で守られ、他から隔絶した皇居の周りを、都市がうごめく。江戸は、城を中心に右渦巻形のダイナミックな拡張を遂げたという、内藤昌《あきら》の説と重ね合わせると、むしろ台風の目と言うべきか。

歴史を遡れば、渦巻の最奥にある江戸城本丸は、明暦の大火（１６５７年）以降、天守を欠いたまさに「無」の状態が続いた。そこから二の丸、三の丸、西の丸、吹上、北の丸と時計回りに一周し（内郭）、その外側の大手町、日比谷、霞が関、麹町、九段というかつての大名屋敷エリアでまた一周（外郭）、さらに町人地が大半を占めた神田、日本橋、銀座へと螺旋が続く。このうち内郭には、江戸期の濠、石垣といったインフラ施設がよく残る。そのほとんどは、天下人となった家康が、将軍家と大名の新たな主従関係を誇示するか

大手門を構成する石垣は、石を徹底的に加工して隙間なく積んでいく切込接ぎ

桜田二重櫓（巽櫓）と、取り囲む桔梗濠。石を粗く割って隙間を減らすように接合部を加工した打込接ぎによる石垣

のように、全国の大名に命じて天下普《ふ》請《しん》として築いたものである。それは東京に存在する江戸期最大級の土木遺構でもある。一般公開されている皇居東御苑で、その魅力を確認してみよう。

まずは東京駅正面の行幸通りから、将軍も利用した登城の正門・大手門に向かうと、桜田二重櫓《やぐら》（巽《たつみ》櫓）が目に飛び込んでくる。これは江戸城に19棟あった隅櫓の現存3棟の一つで、関東大震災後、鉄筋コンクリート造で再建されたもの。漆喰を塗り込めた堅牢なつくりで、縦長の狭間を壁面に穿《うが》ち、石落としを濠に突き出す、れっきとした軍事施設である。ただ、単に機能を形に表したのではなく、ハート形にくり抜いた猪目懸魚《いのめげぎょ》付きの千鳥破風《はふ》で石落しの張出部を飾り、全体を重厚な入母《いりも》屋《や》とすることで、美と威厳を兼ね備えたつくりとしている。

粗割石による打込接《は》ぎの石垣が連続する桔梗《ききょう》濠沿いを歩くと、大手門にたどり着く。門の升形を構成する石垣は技巧的な切込接ぎで、大ぶりの花崗岩《かこうがん》と凝灰岩を使い分けた巨大なモザイクアートを見るかのようである。大手門から三の丸となり、すぐに二の丸入口の大手三之門に到着する。今は存在しないが、当初は石垣に櫓（多門《たもん》櫓）が載り、三方を囲む豪壮な空間であった。

さらに歩みを進めると、本丸の入口に巨石が整然と積み上がる中之門の石垣と、警備詰所の百人番所《ばんしょ》が現れる。升形の連続や巨石の風景が、江戸城の心臓部に相応しい緊張感あふれる空間をつくり出している。一般に大名は大手三之門で、御三家もこの中之門で下乗し、本丸へと入っていった。

ここから直接天守台石垣に向かってもよいが、せっかくなので本丸の外縁を少し歩いてみよう。まず本丸の南端に富士見櫓という現存3例の2つめの櫓［※］を背後から、つまり防御側の視点から見られる。明暦の大火後、「代用

※ちなみにもう一つは皇居正門二重橋奥の伏見櫓

右上：高さ約6mもある中ノ門石垣。丁寧に加工された巨大な石が隙間なく積まれた切込接ぎで、高さのそろった布積の見事な石垣　右下：本丸と二の丸をつなぐ汐見坂。向かって右は、打込接ぎ・乱積の石垣で家康の時代に築かれたもの、左は明暦の大火後に築かれた切込接ぎ・布積の石垣　左上：富士見櫓。本丸側から見ると坂の上にあることがわかる。　左下：明暦の大火で焼失した天守を再建するためにつくられた天守台。一辺1m以上もある巨大な石による高さ約12mにも及ぶ石垣は、上にいくほど石が小さくなる。主に構造上の理由だが、実際よりも大きく見せる効果もある

天守」と呼ばれただけあって、三重からなる大規模な櫓である。下の石垣は加藤清正の差図によると伝わり、内側の地盤面と比べても小高く積まれることで、外から本丸内部が見えない構造になっていることがわかる。石垣を北上すると「富士見多聞《たもん》」と呼ばれる長屋が残り、さらに進むといよいよ天守台石垣が現れる。明暦の大火後、前田家によって再建されたもので、巨大な花崗岩を用いて、算木積の隅石8段と築石10段を巧みにすりあわせた重厚かつ精緻な石垣である。

　時間があれば、北桔橋《きたはねばし》門から一旦外に出て、屏風折の高石垣も見てみよう。本丸天守台の直近だが、はね橋を上げれば、ここから侵入するのはかなり困難と考えられる。このあたりの建設は、土佐の山内家の担当と伝わる。高石垣沿いを西に進み、平川門から再び入城すれば、今度は白鳥濠沿いに高石垣を間近に見て、二の丸の雑木林を抜けて、大手門に戻る。ほぼ一筆書きの江戸城ドボクお散歩コースである。［北河］

ついぞ天守が建たなかった天守台

切込接ぎ・布積の見事な天守台が完成したが、明暦の大火で被災した城下町の復興を優先させるために天守の再建は中止。その後、城が建つことはなかった

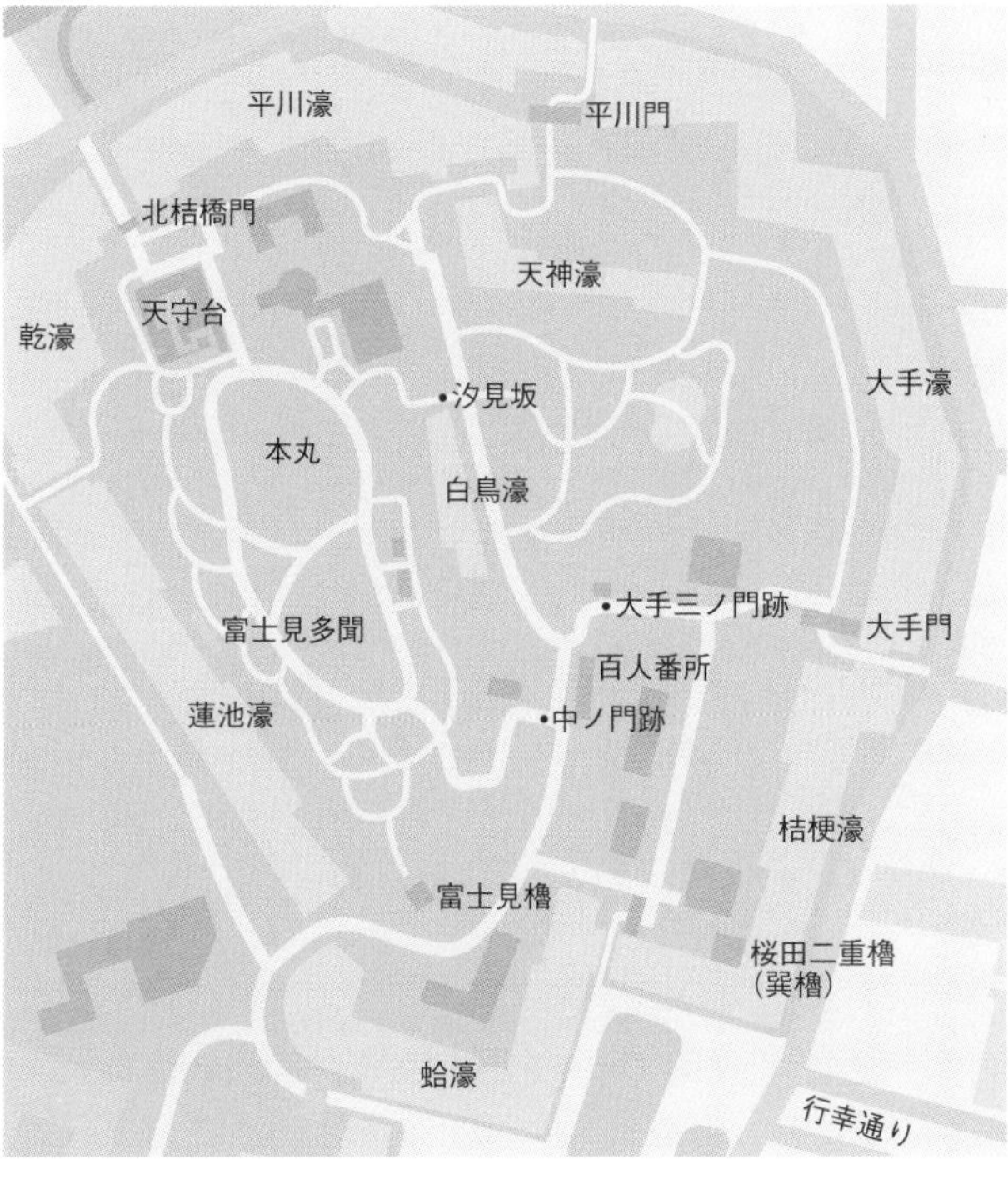

跳ね橋になった北拮橋門（乾濠）の石垣は江戸城の中でも最も高く約18.5mもある。ほぼ加工されていない石を積み上げる野面《のづら》積みで、1614年に築かれた。屏風折にすることで敵への攻撃が2面からでき、防御力が高くなる

information

所在地：東京都千代田区千代田1-1　皇居東御苑の公開は9時〜夕方まで（終了時刻は期間によって異なる）、休園日は月・金曜日、年末年始ほか。入園は無料で大手門・平川門・北桔橋門などから入園できる。大手門は各線「大手町駅」から徒歩約5分、JR「東京駅」から行幸通りを歩いて約15分。平川門・北桔橋門は東京メトロ「竹橋駅」から徒歩約5分

14 家康がつくったダム湖と水面を行く首都高速

千鳥ヶ淵【江戸時代初期】

無数のビルが林立する今の都市景観からはわかりにくいが、東京山の手が広がる武蔵野台地は、もともと無数の川や沢がつくり出す谷が複雑に入り組む土地だった。その谷地形を巧みに生かしつつ、陸地の掘削路や、海面の埋め残しをつなぎ合わせて、台地の突端、つまり中世の海際に江戸城の内濠は形づくられていった。そのうち、千鳥ヶ淵と牛ヶ淵の2つの「淵」は、谷を流れる沢をダムによってせき止めることで生まれた水面である。

千鳥ヶ淵の原型は、麹町駅あたりから東北東に向かって流れ、現在の半蔵濠、番町学園通り、千鳥ヶ淵付近の沢水と合流しながら、江戸城本丸脇の蓮池濠を経て、日比谷入江（江戸初期まであった入江。現在の日比谷・大手町付近）に流れ込んでいた局沢《つぼねさわ》という沢である。天正18年（1590年）に江戸入りした家康は、この局沢をせき止めて千鳥ヶ淵とし、また清水《しみず》門あたりにも土堰堤《えんてい》を設けて牛ヶ淵に改変する工事を行う。

皇居周辺という立地から、千鳥ヶ淵の水面から約1メートルというギリギリを走ることになった首都高速都心環状線。三宅坂ジャンクション方面へと再び地下に吸い込まれていく

豊臣家が権勢をふるい、各地の大名が伏見城普請《ふしん》に駆り出されていた時代に、家康が自力で取り組んだ最初期の江戸開発工事である。それは飲み水の確保という、生命維持のための最低限のインフラ施設であるばかりでなく、日比谷入江への水の流入を抑え、その埋め立てに向けた準備工事でもあり、かつ、周辺の水の流れを面的にコントロールして、内濠、外濠で区画されたわが国最大の城郭を創出する起点となる工事であった。

今ではよく知られるようになったこのダムの存在は、戦後の大規模都市開発、首都高都市環状線の建設中にはじめて明らかになった。当時、首都高は、1964年の東京オリンピックに間に合わせるため突貫工事で進められたものの、皇居周辺では環境を阻害しないよう（車から皇居を覗き込むことがないよう）、極力地下を通す線形が選ばれた。その代表例が、桜田濠の外側に造られた世界初の地下ジャンクション・三宅坂ジャンクションだが、千鳥ヶ淵周辺

上：北側（九段下側）の千鳥ヶ淵。田安門へと上がる坂が見える
下：明治43年（1910年）に建てられた旧近衛師団司令部庁舎。陸軍の技師であった田村鎮が設計した。ゴシック様式的な尖塔アーチのエントランス、八角形の特徴的な尖塔など、明治期の煉瓦建築の特徴がよくあらわれている。内部は見学できないが、外観は柵の外から見ることができる（編集部2019年撮影）

も竹橋の石垣をすれすれで乗り越えて、旧近衛《このえ》師団司令部の赤煉瓦《れんが》庁舎の敷地をトンネルで抜け、千鳥ヶ淵を水面ギリギリで通過した後、再び対岸の地下に滑り込むというルートが採られた。このトンネル掘削工事の時に出てきた地層が、当初想定していた関東ローム層ではなく、地下16メートルまで人工的に埋められたダムの土だったというわけである。なおダムの土には大量の木や竹が混ざっており、局沢沿いの竹藪や樹木を切らずに、（おそらくむしろ構造体のようにいかして）土を投げ入れた痕跡と考えられている。

千鳥ヶ淵の楽しみ方としては、江戸最古のダム湖でボートから桜を愛でるというのが定番である。ただ、車に乗って竹橋ジャンクションからトンネルでダムの中をくぐり抜けて、水面を滑るようにダム湖を横断しながら、歴史の重層に思いをはせるのも、東京ドボクならではの貴重な体験といえよう。

［北河］

江戸のインフラから桜の名所へ

現在は「桜の名所」として有名な千鳥ヶ淵の桜は、近代以降に植えられたもので、江戸期にはなかった。流れのないダム湖だからこそボートも楽しめるスポットに

information

所在地：東京都千代田区北の丸公園1
靖国通りから北の丸公園に沿って整備された遊歩道「千鳥ヶ淵緑道」までは、東京メトロ「半蔵門駅」から徒歩約5分、「九段下駅」から徒歩約3分。皇居と北の丸公園の間を通る代官町通りの歩道からは千鳥ヶ淵の水面をすれすれに走る首都高速道路が見られる

弁慶濠に沿ってカーブする首都高速4号新宿線。高速道路という重量のあるものを支えているにもかかわらず、橋脚は少なく軽快さがある

15 平面から立体へ 江戸東京を象徴するスポット

弁慶濠・溜池【江戸時代初期】

江戸城本丸を中心にして、半径約2キロのC字形を描く外濠は、その幅広の水面と渡橋した先の見附での往来の制限によって、江戸の重要な防衛ラインとして機能した。完成は三代将軍・家光の時代。江戸城の北を流れる神田川と南の溜池・汐留川を、西側山の手の掘割工事によって接続し、一体化することで、約半世紀にわたる江戸城工事が完結するのである。それはちょうど、江戸幕府の政治体制が整えられた時期にも重なる。

弁慶濠はこの最後に接続された外濠の一部だが、もとは四谷小学校あたりから、迎賓館赤坂離宮の敷地をかすめて溜池、日比谷入江に注いだ汐留川水系[※]の名残でもある。明治22年(1889年)には弁慶橋が架けられ、その風景が東京の新名所として知られるようになる。大正9年(1920年)に埋め立て計画が発表された時は、反対の声が相次ぎ、改変を免れた風景は絵葉書やフランスの詩人ノエル・ヌエットの版画などの格好の題材となった。

※ 現在の外堀通り

江戸期に築かれた石垣がよく見える弁慶橋の東側。写真右の東京ガーデンテラス紀尾井町（旧赤坂プリンスホテル）は紀州徳川家の中屋敷だった

戦後に首都高が計画された際には、濠の水面を避け、かつ道路を通る都電とも干渉しないよう、高架はできるだけ少ない橋脚で道路上を抜ける軽快な構造を採用。弁慶橋も昭和60年（1985年）に鉄筋コンクリート造に改変されたが、欄干には擬宝珠《ぎぼし》を付け、かつての面影を辛うじて留めている。こうして伝統と近代の共存する新たな土木景観が創り出された。

かつて弁慶濠の下流には、溜池が存在した。虎ノ門に築いたダムで汐留川水系の水をせき止め、江戸の上水道に利用したものだが、鈴木理生《まさお》によれば、もとは海水の遡上を防ぐ「汐留」でもあったという。つまり溜池とは濠の軍事機能の他、水道、防潮という計3つの機能を兼ねていたのだ。明治期になると溜池は湿地化。しまいには外堀通りとなる。しかし、一旦豪雨となれば、溜池時代の土地の記憶がよみがえり、浸水を引き起こしてきた。そこで平成以降、東京都は外堀通りの地下40メートルのあたりに「溜池幹線」と呼ばれる雨水貯留トンネルを整備した。

弁慶濠と溜池は、江戸期から大正期にかけて、人々の生活に潤いを与える存在であり続けた。それが昭和以降、平面的な都市構造が限界に達し、空と地下にネットワークを重層化した、まさに立体都市・東京を象徴するエリアへと変貌したのだった。

〔北河〕

上：赤坂見附跡。江戸期は枡形門の城門があり、その姿は歌川広重などの浮世絵に残る　下：赤坂見附から弁慶濠を見下ろす。かなりの高低差があることがわかる。濠を渡るのが弁慶橋。明治22年に神田にあった弁慶橋を移設して架橋された

information

所在地：東京都千代田区紀尾井町1・4丁目／港区元赤坂1・2丁目
東京メトロ「赤坂見附」駅からすぐ、東京メトロ「永田町駅」から徒歩約4分

新見附橋から牛込濠を望む。さらに奥には飯田濠があったが、昭和50年代に暗渠化。濠は棚田のように連続しているため流れがほとんど見えない

16 水循環システムの要となった棚田状の水路

新見附濠・牛込濠【江戸時代初期】

外濠は、武蔵野台地の尾根にあたる四谷の真田濠［※1］を頂点として、水を南北に分配する。しかし内濠と異なり、その規模に見合った水量を周囲の沢水からまかなうのは容易なことでなかった。

この問題に対し、2つの工夫がなされた。まずは、単に水を流下させるのではなく、レベルの異なる水面を、市ヶ谷濠、牛込濠、飯田濠というように階段状に配置。急勾配の斜面地であっても静かに水を湛える棚田のように、水面を連続させる。もう一つの工夫が、武蔵野台地の尾根筋を流れ落ちる玉川上水の接続である。玉川上水は江戸城内の飲み水だけでなく、外濠という軍事基盤にも水を供給していたのである。こうすることで、それまで単独で海に注いでいた多摩川、隅田川、神田川が一つの水系ネットワークに組み込まれ、さらに毛細血管のように水道や用水が分岐することで都市や農村を潤す。つまり市ヶ谷濠や牛込濠は、距離は短いものの、広大な江戸の水循環システム創

※1 昭和25年に戦災の瓦礫で埋め立てられた
※2 現在は、飯田橋駅は新宿寄りに移動し、かつてのプラットホームは通路に転用されている

左：JR「市ヶ谷駅」から新見附濠を望む　右：新見附濠と牛込濠橋を隔てる土橋の新見附橋は、坂を登った最後がポーナル型の鈑桁橋（写真右）になっている

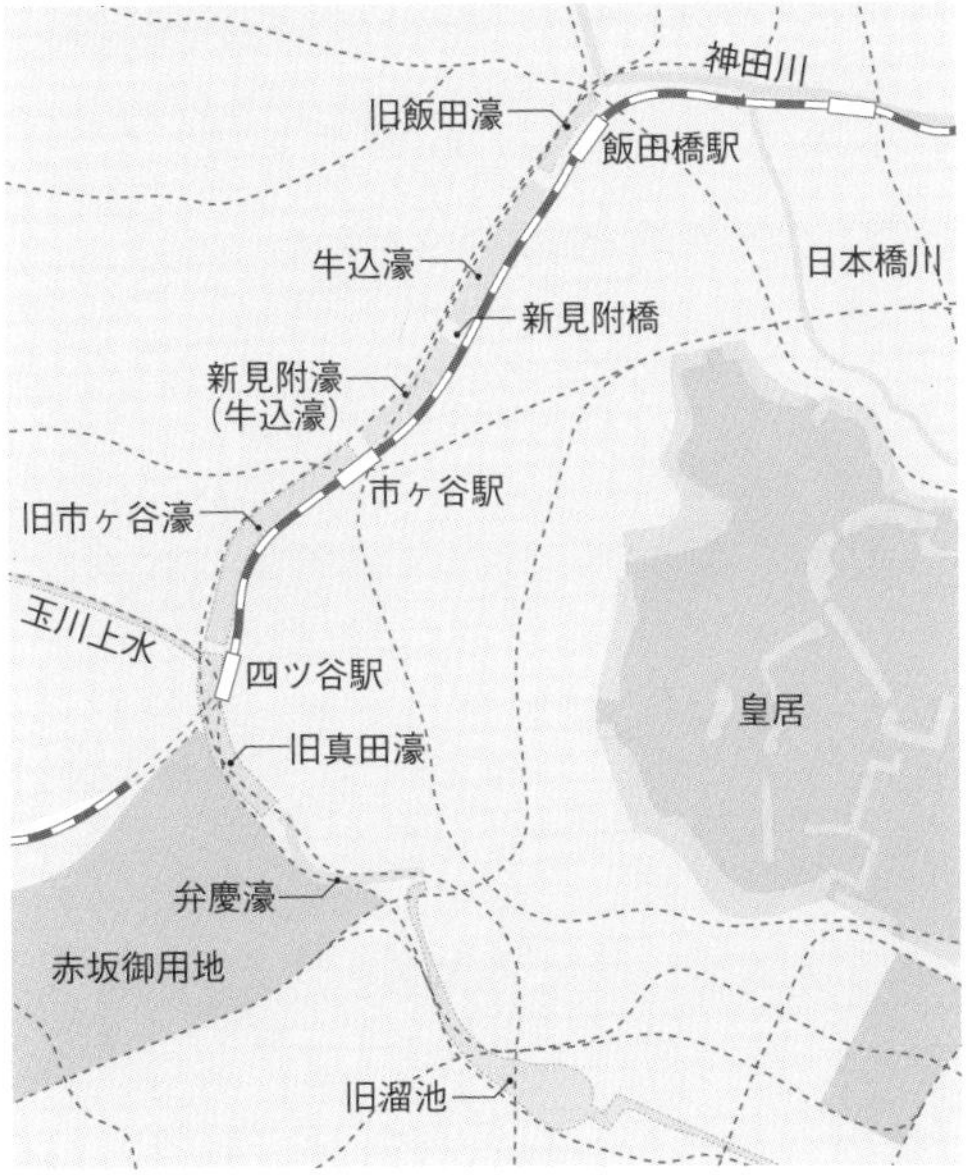

information

所在地：東京都新宿区・千代田区　新見附濠の南端はJR・東京メトロ「市ヶ谷駅」、牛込濠の北端は「飯田橋駅」からすぐ

出の一つの要だったわけである。

　明治中期になると、市区改正事業の一環として牛込濠の中間地点に新見附橋がつくられ、南半が「新見附濠」と呼ばれるようになる。また甲武鉄道株式会社が、新宿から都心へ延びる路線（現中央線）を外濠沿いに建設する。建設にあたり、外濠の要塞機能を維持するため濠の幅を極力狭めないよう陸軍省から求められたというから、明治に入ってもなお外濠には軍事機能が期待されていたようである。こうして、立川から新宿までほぼ一直線に敷かれた中央線が、新宿からは一転、外濠や市街地の制約を受けながら細かいカーブを刻んでいく。外濠に沿ってカーブを描いた飯田橋駅のプラットホーム［※2］は、直線型プラットホームが当たり前だった時代にあって新鮮だったようで、路上観察の達人・今和次郎《こんわじろう》は「牛込見附と飯田橋とを繋ぐ800尺のカーブは曲線美の新感覚だ」［※3］と称賛している。

　新見附橋を訪れたら、新たな「棚田」の仕切りとなった近代の土橋も見ものだが、中央線上部の跨線《こせん》橋もぜひご覧いただきたい。鉄道橋から跨線橋に転用されたポーナル型の鈑桁《ばんげた》橋（側面に鉄板（鈑）を貼った橋）が架かっている。ポーナルとは明治10年代から20年代にかけて日本政府に雇われた英国人技師。彼が設計したポーナル型の鈑桁橋は、桁の剛性を高めるため、鉄板を抑えるように取り付けた垂直材の両端をJ形にするのが特徴である。［北河］

※3『大東京案内』中央公論社、1929年

細かい装飾が施され小ささながら重厚感のある佇まい。太陽を背に真北を向いた建物配置も、温度変化を抑えるには効果的だろう

17 日本の「高さ」基準を支えて130年

日本水準原点【明治24年】

国会前庭にひっそり佇む小さな石の建物。歴史を辿れば彦根藩井伊家の屋敷跡、そこに陣取った旧陸軍参謀本部の陸地測量部が建設した測量施設が水準原点である。竣工は明治24年（1891年）5月。爾来、富士山などの山の高さをはじめ、全国の土地の高さの基準として利用され続けている。

建物は、全面に花崗岩を積んだ約4メートル四方の平屋で、正面に「水準原点」と陽刻した扁額《へんがく》を掲げている。玄関は、2本のドリス式円柱によって、菊花紋章と「大日本帝國」の文字を配したエンタブレチュアと、唐草模様のレリーフで飾られたペディメントを支え、頂部に盾飾を載せる。施設の記念碑的性格にマッチした古典様式建築で、設計は東京大学工学部の前身、工部大学校の造家学科一期生であった佐立《さたち》七次郎、施工は清水方（現清水建設）である。

ただこの外観を堪能するだけでは、水準原点を見たことにはならない。これは建設当時「掩蓋《えんがい》」と呼ばれた単なる

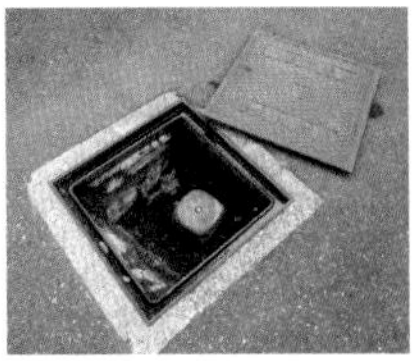

左：裏側の扉から内部へ。上から船形台石、正八角形の台石、深さ10mにも及ぶ基礎。小さな水晶板を支えるためだけにこれだけ強固なつくりに　中：前面の扉を開けると、船形台石に目盛付きの水晶板がはめ込まれている（内部は通常非公開だが、例年6月3日の測量の日に一般公開を行っている）　上左・上右：水準原点の近傍には甲・乙・丙・丁・戊からなる1等水準点がある。そのうち1つは地上にあり、いつでも見ることができる

覆屋で、肝心の水準原点はこの中にあるのだから。それが、正面の黄銅製の扉の奥にある、目盛付きの小さな水晶板である。当初この目盛の零位は東京湾平均海面上24・5メートルに設定［※］。そう、竣工年月と同じ数字である。建設にあたっては、陸地測量部が参考にしたプロイセン（ドイツ）では、目盛が温度変化で伸縮しないよう、「鋼鑽玻璃《エメリーグラス》」という極めて硬い材質がつくられていたというが、当時日本でそれを再現する技術がなく、代わりに緻密で硬度の高い山梨県産の水晶が選ばれたという。

背面のドアから中に入ると、この水晶板が、掩蓋ギリギリに収まる巨大な舟形台石の先端部にはめ込まれているのがわかる。この巨大な台石を支える基礎構造も興味深い。この場所の地盤は決して脆弱ではないが、慎重を期して深基礎が使われている。地盤面から約10メートル下の位置にある硬質な珪《けい》砂《しゃ》層を支持地盤として、煉瓦壁を立ち上げ、当時まだ貴重だったコンクリートを中に充填した円筒形基礎である。

高温多湿で地震も多い日本において、永久不変の原点であり続けるために、ここでは二重、三重の工夫が施されてきた。測量技術の発展目覚ましい今日においてなお、明治の技術者が周密精到に構築したシステムが、国土の基本であり続けているのが素晴らしい。［北河］

舟形台石の裏には、竣工年月や設計を担当した田坂虎之助の名前などが刻まれている

基礎のつくり

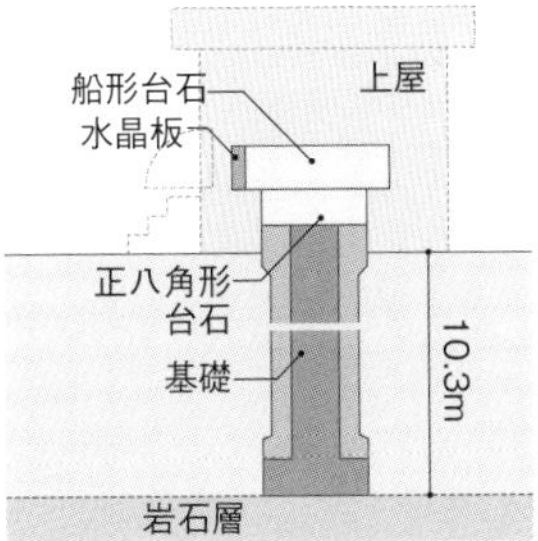

information

所在地：東京都千代田区永田町1丁目1-2（国会前庭（北地区）内）
東京メトロ「桜田門駅」から徒歩約4分、「国会議事堂前駅」から徒歩約7分。内部は通常非公開

※ 関東大震災、東日本大震災を経て現在は24.3900メートル

18

100年の歴史を刻む
東京名物・イチョウ並木

明治神宮外苑

【大正15年】

青山練兵場の跡地に建設された明治神宮外苑は、大正7年（1918年）に着工し、途中関東大震災の影響を受けて一時中断したものの、大正15年に竣工した。当時のスポーツへの関心の高まりもあり、陸上競技場をはじめ、相撲場や水泳場も造営された。そうした中、明治神宮造営局という部署で主任技師として明治神宮外苑の計画に従事したのが造園家の折下吉延《おりしもよしのぶ》だ。

折下は東京帝国大学卒業後に宮内省園芸技師として新宿御苑の管理を行っていた。明治神宮外苑といえば、青山通りからまっすぐに伸びるイチョウ並木だが、実は外苑のイチョウは、元をたどれば新宿御苑に行き着く。新宿御苑の在来木から採集したイチョウを明治神宮の境内に蒔き、ある程度成長した木を選抜して、樹高順に並べられたと言われている。今のパースペクティブな風景は当時から意識してつくられていたのだ。折下はその後、帝都復興などでも活躍し、近代日本における公

上：聖徳記念絵画館前の通りにワービット工法による舗装が残されている。下層には粗粒のアスファルトコンクリート、上層にはアスファルトモルタルを薄く敷いて、上下層を同時に転圧する、完成当時（大正15年）の最新工法だった。66年間車道として使われてきたことが強靭さを物語る
左：2020年以前の絵画館前の通りは全面ワービット舗装だった（2018年撮影）

外苑の象徴であるイチョウ並木。この端正な樹形は、4年に1度の剪定作業によって維持されている

information

所在地：東京都新宿区霞ヶ丘町・港区北青山　イチョウ並木へは東京メトロ「外苑前駅」から徒歩約2分、都営大江戸線・東京メトロ「青山一丁目駅」から徒歩約4分。聖徳記念絵画館前の通りへはJR「信濃町駅」から徒歩約5分、都営大江戸線「国立競技場駅」から徒歩約7分

園整備には欠かせない存在になる。

外苑の苑内道路は美観に配慮され、電線や水道管、ガス管などはすべて地下に埋設され、歩車道も分離された。そして、苑内道路の舗装には「ワービット工法」と呼ばれるアスファルト舗装が用いられた。これは上層と下層を同時に転圧するという工法で、日本における車道用アスファルト舗装としては最古のものである。この工事において中枢にいたのが藤井真《ます》透《き》である。彼はその後、道路工学において日本をリードしていく存在になる。

現在は聖徳記念絵画館前の端の部分にわずかにワービット工法の舗装を直接見ることができるが、その周辺は経年劣化を防ぐため、インターロッキングブロックが舗装され、その下には当時の舗装が保存されている。当時の明治神宮造営局にいた折下と8歳下の藤井がどのような議論をしながら外苑や表参道などの街路整備を行っていたのか、再開発を控えた今、改めて想像してみるのもよいかもしれない。［高柳］

19

地上から地中まで
合理性に裏打ちされた美しさ

東京タワー

【昭和33年】

大都市東京のシンボルとも言える東京タワーは、「耐震構造の父」とも称される構造家の内藤多仲《たちゅう》の指導によって昭和33年（1958年）に建設された。東京タワー以前にも数々の鉄塔の設計に関わっていた内藤は、東京タワーの建設でも構造の合理化による安全性と経済性を追求している。内藤は災害時に情報が錯綜し、人々が混乱に陥ることがないよう、耐震性を重視して設計したという。その結果、合理化した構造による形状によってタワーとしての美しさが生み出され、今もなお人々を惹きつけるランドマークとなっている。

東京タワー建設の計画が持ち上がった当初は、上野なども建設候補地に挙がっていた。だが、現在の場所に建設された。その理由の一つには地盤があった。東京礫層《れきそう》という固い地盤が他の候補地に比べて地下の浅い部分に分布していることから、費用的にも技術的にも条件の良い芝公園が選定されたという。高さ333メートル、重さ約4000トンの構造物を支える基礎は、一部地上からも見ることができる。実はその基礎も地上から深さ8メートルのところからつくられており、さらに長さ15メートル、地下23メートルの地盤に向けて杭が打たれている。加えて4つの基礎は地下で繋がれている。これは長期荷重に対してのスラスト（外に広がっていく力）を受け止めるためだ。地上で見える部分以外の地下までも合理的に設計されているのが東京タワーの美しさの秘密とも言える。

また、東京タワーは色も魅力的だ。青空に映える赤色の塗装は、航空法に則った「インターナショナルオレンジ」という色で、錆止めのために竣工以来5年おきに塗り替えが行われている。塗り替えでは電波に影響を与える恐れがあるため、金属の足場が使えないことから、丸太の足場を使用してきたが、前回（2019年）の塗替えではFRP製の足場が使用され、塗装は、なんと手作業で刷毛を用いて行っていたという。環境負荷軽減のためや、塗料の開発によって次回からは7年周期で実施されることになった。その美しさは今後も多くの職人たちの手によって守られることになるだろう。

合理性と美しさの両立を、様々な視点から味わってみると東京タワーの魅力の奥深さをさらに実感できるのではないだろうか。

［高柳］

information

所在地：東京都港区芝公園4丁目2-8　都営大江戸線「赤羽橋駅」から徒歩約5分、都営三田線「御成門駅」から徒歩約6分、東京メトロ「神谷町駅」から徒歩約7分。愛宕トンネル［64頁］までは徒歩約12分

合理的な設計のもと、全国から優秀な鳶職人を集めて、わずか1年半あまりの工期で完成した。鉄骨同士を留めるリベットを空中で投げ合っていたという逸話も。333mという高さは関東一円、半径100kmに電波を送るための計算結果から導きだされた

愛宕神社のほぼ直下に位置する延長76.6メートルの道路トンネル。地味な見た目だがその裏には当時の技術と苦労がつまっている

20 標高26mの大トンネル

愛宕トンネル

【昭和5年】

information

所在地：東京都港区愛宕1丁目　東京メトロ「神谷町駅」「虎ノ門ヒルズ駅」から徒歩約5分。愛宕山に上がるエレベータはトンネルの東側にある

ビル群に囲まれた東京の都心に唐突に現れる愛宕《あたご》トンネルは、帝都復興事業の一環として昭和5年（1930年）に完成した東京最初の道路トンネルである。

トンネルがくぐる標高約26メートルの愛宕山は、「鉄道唱歌」の1番で「愛宕の山を右に見て〜♪」と歌われ、山上には愛宕神社や東京中央放送局（NHKの前身）があった。トンネルの断面は幅9メートル、高さ7メートルある一方、トンネル天端から地表までの土被りは約9メートルと薄かった。これだけ大断面のトンネルを、地表面に影響を与えることなく掘削するために、アーチを小分割して掘削する特殊な施工法が採用され、「愛宕式掘削工法」と名付けられた。覆工［※］の材料には直ちに強度を発揮できるコンクリートブロックが使用された。

現在では、山上へ登るエレベータも整備されているので、トンネルをくぐった後は愛宕神社やNHK放送博物館、愛宕公園を訪れてみたい。［小野田］

※　地山を支えるためにトンネルの内側に巻かれる部材

IV章

都心西エリア

上野駅
不忍池
後楽園駅
28
後楽園
北歩道橋
御徒町駅
29
2k540
AKI-OKA
ARTISAN
末広町駅
水道橋駅
26
御茶ノ水駅・
聖橋
秋葉原駅
27
万世橋
神保町駅
岩本町駅
神田駅
25
常盤橋
皇居
東御苑
三越前駅
23
日本橋
24
江戸橋
ジャンクション
皇居
22
行幸通り
日本橋駅
21
東京駅
茅場町駅
200m
400m
有楽町駅

21 明治日本が辿り着いた鉄道技術の到達点

東京駅【大正3年】

東京駅と新橋駅の先まで伸びる赤煉瓦《れんが》のアーチ高架橋は、明治時代における鉄道技術の集大成である。明治政府は、日本の首都となった東京を近代都市にふさわしい都市へ改造するため、市区改正委員会を発足させて都市計画の審議を開始し、明治22年（1889年）に設計案が発表された。設計案では、新橋と上野を高架鉄道によって結び、その中間に中央停車場を設けることが明記され、ただちに着工するよう訓令が発せられた。こうして中央停車場として東京駅とアーチ高架橋がつくられることになった。

鉄道局では技術者を海外に派遣するなどして調査を進め、ベルリンの高架橋をモデルとした高架鉄道を建設することとし、明治31年にドイツからフランツ・バルツァーを技術顧問として招聘して工事に着手した。こうして明治42年12月に最初の高架区間として品川と浜松町の間で分岐して烏森《からすもり》（現在の新橋）へ至る電車線が開業し、さらに翌年9月には有楽町～呉服橋仮駅まで

の全線が完成した。そして、明治36年にバルツァーが帰国した直後に、中央停車場の設計が辰野《たつの》・葛西建築事務所によって開始され、大正3年（1914年）に「東京駅」として開業した。

　こうして完成した赤煉瓦アーチの高架橋と東京駅は、どちらも鉄道施設としての本来の機能を維持しながら今も現役である。辰野金吾《きんご》が設計した中央停車場は、中央に皇室専用の乗降口を配置したことにその特徴がある。辰野金吾は完成間近の東京駅を前にして事務所のスタッフに「よくできたね。世間が何と言うかわからないが、私はこれでいいんだよ」と満足そう語ったと伝えられるが、竣工時の姿に復原された東京駅を前にすると、辰野が自慢した心境がよく理解できる。

　東京駅は、中央の皇室専用口を中心として一見、左右対称のように見えるが、よく見ると新橋側にあたる南ドームにはさらに南に建物が伸びていることに気がつく。実は、皇室専用口を中央に設けたため、開業時には南ドームを乗車専用口、北部ドームを降車専用口として使い分けていたが、乗車専用口には列車に乗る前の時間を過ごす待合室やレストランなどを備えていた。このため、南ドームのさらに南側に建物を伸ばし、駅本屋《ほんや》は南北に長大な建築となって、欧米に多かった頭端式（線路終端側に改札などがある形式）の駅とは異なる平面となった。

　東京駅から南に伸びる高架線は、煉瓦アーチ構造を主体として、道路との交差部分には鉄桁を使用している。開業した頃の高架下には事務所や倉庫が入居したが、現在では商業施設や飲食街として利用されている。

　高架鉄道と東京駅は、明治維新とともに始まった日本の鉄道技術が、外国からの技術に頼りながらも、なんとか国産化を成し遂げたことを象徴し、明治時代の土木・建築構造物の到達点を示すメルクマールでもある。［小野田］

正面から見ると南側（写真右）と北側（写真左）のドームがあり左右対称の建物に見えるが、南側はさらにくの字型に建物が続いている

東京駅とその南側に伸びる高架線の計画は、市区改正委員で、のちに鉄道技監となった原口要の提案によるもので、令和2年（2020年）に「日比谷OKUROJI」と称する新しい商業空間が誕生した

information

所在地：東京都千代田区丸の内1丁目　日比谷OKUROJIは東京駅の南側高架、「有楽町駅」「新橋駅」間にあり、 JR「有楽町駅・新橋駅」または東京メトロ「銀座駅・日比谷駅」から徒歩約6分

22 東京の中心を結ぶ

行幸通り【大正15年】

東京駅の中央口から一直線に皇居の和田倉門へと伸びる道路は、関東大震災後の帝都復興事業の一環として大正15年（１９２６年）に完成した。完成時は「行幸《ぎょうこう》道路」と呼ばれ、延長はわずか２００メートルであったが、幅員は73メートルも確保された。うち中央の57メートルを高速車道、両側を12メートルは緩速車道、さらにその外側の8メートルを歩道とし、街路樹や街灯を配置し、堂々たる通りとなった。設計は、復興局技師の川地陽一、河野通靖があたり、皇居と東京駅を東西に直結する軸線を形成した。

自動車交通の発達とともに昭和33年に駐車場法が施行され、駐車場の整備が都市計画の一環として行われる体制が整えられた。その第1弾として、行幸通り下、日比谷公園下、八重洲通下の3か所に地下駐車場が建設されることとなり、昭和35年（１９６０年）には収容台数５２０台の丸の内第1駐車場が完成。当時の岸信介首相の出席のも

東京駅からまっすぐに伸びる行幸通り、突き当りは皇居。完成時の高速車道部分は、現在は歩道として開放されている

information

所在地：東京都千代田区丸の内1丁目2・5／2丁目3・4　JR「東京駅」からすぐ。東京駅から行幸通りを進んで、そのまま江戸城の石垣［46頁参照］を周るのがおすすめ

とに盛大な完成披露式が挙行された。

その後、東京駅の復原事業にあわせて地下駐車場を廃止して、地下通路として整備することとなり、平成19年（2007年）に完成。また、平成22年には行幸や外国大使の信任状捧呈式《ほうていしき》などの公式行事以外は通行が禁止されていた中央車線が一般にも開放され、東京駅を正面から眺めることのできる視点場として賑わっている。また、地下通路は「行幸地下通路・ギャラリー」として整備され、作品展示やイベントの場などに利用されている。［小野田］

正式名称は「東京都道404号皇居前東京停車場線」。天皇の外出「行幸」の際に使われることから「行幸通り」と呼ばれるように。外国大使の信任状捧呈式では馬車列が通ることもある

石造アーチ橋お日本橋。かつては路面電車も通っていた。現在は首都高速が上を覆うが、地下化のプロジェクトが動き出している。そのうち青空の下で輝く日本橋が復活する

23 言わずと知れた日本の起点はなぜ100年も現役で居続けられるのか

日本橋【明治44年】

東野圭吾のベストセラー推理小説に『麒麟《きりん》の翼』がある。日本橋を巡る殺人事件、映画化もされヒットした。タイトルの麒麟の翼とは、日本橋中央に飾られたブロンズ像である。麒麟は中国神話の伝説上の動物。泰平の世に現れる獣類の長とされ、この像は東京の繁栄を祝福する意味があるとされた。

ところが、ビールで有名なあの麒麟もしかり、「翼」がある麒麟は他に見たことがない。この翼、像をデザインした津田信夫の言葉を借りれば、「背びれ」だという。日本橋は、江戸時代は五街道の起点で、近代でも日本全国の道路の原点。そのため「旅立つ」というイメージを強く打ち出し、背びれを翼のように誇張しデザインしたという。2体の麒麟が背中合わせに挟む橋灯に刻まれた植物は榎と松、これも江戸時代には一里塚によく植えられた樹木であった。

日本橋が初めて架橋されたのは慶長8年（1603年）頃と言われる。下を

左：泰平の世に現れるとされる麒麟。橋の全体的なデザインは西洋風としながらも、装飾にはブロンズの麒麟や獅子を採用して東洋風のデザインを取り入れたという　右：親柱に刻まれた橋名は、徳川15代将軍の徳川慶喜の筆によるもの。上には東京市の紋章を抱えた獅子の像が鎮座

information

所在地：東京都中央区日本橋1丁目1・9／日本橋室町1丁目1・8　東京メトロ「三越前駅」からすぐ、東京メトロ「日本橋駅」から徒歩約2分。下流側にある江戸橋ジャンクション［72頁］までは徒歩約5分、上流側にある常磐橋［74頁］までは徒歩約6分

流れる日本橋川は、江戸幕府によって開削された人工河川。江戸当初、現在の皇居前広場付近は海で、九段坂下あたりまで日比谷入江と呼ばれた湾が入り込み、神田川の原形の平川がここに注いでいた。入江の東側には、本郷台地から伸びる江戸前島という陸地が新橋付近まで舌状に延びていた。日本橋川は、平川の下流部分の代替えとして、江戸前島を東西に横断し隅田川へ注ぐルートで開削された。そして、江戸前島の尾根筋に東海道が敷設され、日本橋が架橋された。つまり日本橋は、干拓や埋め立てで造られた江戸の多くの土地とは異なる従前からの陸地で、しかも尾根筋という良好な地盤の上に架けられたことになる。この良好な地盤こそが、明治44年（1911年）の架橋で石造アーチ橋（内部はレンガとコンクリート造）を採用し、100年を経た現在まで重い橋体を支え続け、沈下や変形することなく供用されている最大の理由であると考える。

ところで、江戸前島の幅はどれくらいあったのだろうか。「アーチ橋が架かるところに悪い地盤なし。」これから察するに、日本橋川流域でいえばJR中央線の外濠橋梁［※］から、江戸橋の間当たり幅1キロメートルほどではと推察する。平成に入る前まで、間に架かる新常盤橋や一石橋《いっこくばし》なども鉄筋コンクリートアーチ橋で、この区間にはアーチ橋が連続していたからだ。

国内に数ある橋の中で、日本橋ほど装飾豊かな橋はない。全体のデザインは「ルネッサンス様式」と言われるが、前述した麒麟といい、奈良の手向《たむけ》山八幡宮の狛犬がモデルといわれる正面の獅子像といい、東洋の要素を色濃く取り入れたデザインだ。他にもここだけという見どころにあふれている。交番側の橋台（外側）には、設計者の米元晋一やデザインを担当した妻木頼黄《つまきよりなか》などの工事関係者の名前が刻まれたブロンズのプレートが取り付けられている。このようなプレートは明治の橋にはよく見られたが、現在東京ではここに残るのみである。

［紅林］

※東京－神田駅間の日本橋川に架かる橋

24 橋脚を極限まで減らす国家の威信をかけた挑戦

江戸橋ジャンクション

【昭和38年】

明治初年に木橋から石橋に改築され、近くに駅逓寮《えきていりょう》庁舎（現在の日本橋郵便局）も立地していたことから、江戸橋は文明開化期から近代東京の風景を代表する存在だった。その後も市区改正事業で鉄橋に、関東大震災後の帝都復興事業で鉄筋コンクリート橋へと、常に新たな風景を切り拓いてきた。その歴史の延長線上に、幅約50メートルの土地の中で道路が上下4層に重なり、器用に分岐と合流が行われる世界的にも珍しい構造を持つ江戸橋ジャンクションが戦後昭和に建設された。だがその実現は一筋縄ではいかなかった。

まず、単純に計算するとここには100本に及ぶ橋脚が必要だった。しかし、それでは下を流れる日本橋川に柱が林立し、川の流れも船の通航も眺めも遮られてしまう。そこで、橋脚の上に単に桁を載せる通常の構造ではなく、それらを縦横、上下につなぎ合わせる立体ラーメン構造を採用し、橋脚の数を約3分の1に減らした。円い柱

都心環状線を含む首都高のプランは昭和13年、内務省入省直後の山田正男によって描かれていた。戦後、山田は東京都の技術者として、その建設を実際に担当することになる。日本橋区間の地下化などによって、山田の時代の首都高の風景も少しずつ変わりつつある

何本もの道路が縦横無尽に交差する首都高を支えるのは、井桁の要に組まれた橋脚片持ちで張り出した桁を重ね合わせて、橋脚を省略していることがわかる

information

所在地：東京都中央区日本橋1丁目19・日本橋兜町1／日本橋小網町19
東京メトロ・都営浅草線「日本橋駅」から徒歩約3分、東京メトロ「茅場町駅」から徒歩約4分。名前の由来でもある江戸橋は昭和2年（1927年）に架橋された鋼製のアーチ橋。江戸橋ジャンクションのほぼ真下に位置する

に四角い桁をつなぐ寺院建築の柱と貫を思わせるつくりだが、鉄骨造で、かつ重量物が上を通る橋梁でこの構造を応用するのは初めてのことだった。

また、空中の隙間を縫うようなジャンクションの設計自由度を高めるため、形が三次元的に変化する曲線桁が採用された。曲線桁は、ねじれに強い筒状の箱桁構造とし、さらに鋼材の曲面を高い精度で連続的に築くため、東京タワーにも使われた当時一般的なリベット結合ではなく、溶接結合が全面的に採用された。

ラーメン構造、曲線桁、溶接。その一つ一つは、すでに戦前・戦中から開発されていた技術である。それらが、戦後の国家プロジェクト・首都高建設で一気に花開き、その成功を受けて、各地に伝播していった。類例のない先駆的な交通結節点であったが、今その歴史を振り返れば、現代技術の異なるつぼみを見事に開花させ、その種を各地に広めた、技術史上の「結節点」でもあったわけである。［北河］

東日本大震災で被災し、解体復元工事を行い、2021年5月より通行を再開した。長さ約41m、幅約28mの石造アーチ橋として、写真などをもとに建造当時の姿へ復元された

25 江戸のDNAを受け継ぎ 明治から令和までつづく石橋

常磐橋【明治10年】

日本橋界隈には「ときわ橋」と名付けられた橋が3つある。日本橋川の下流から「常盤橋」「常磐橋」「新常盤橋」。中でもイチオシなのが、明治10年（1877年）に架橋された常磐橋である。橋マニアの間では、常磐の「磐」の字の下のつくりが「石」であることから、「石の方のときわ橋」と呼ばれる。「盤」の字を用いると下のつくりが「皿」で、「割れる」↓「落ちる」を連想し、橋名には縁起が悪いことからとの都市伝説がある。

橋の構造は石造アーチ橋。表面だけでなく、中まですべて石でつくられた正真正銘の石造アーチ橋である。明治初期の文明開化期、東京の都心部に13橋の石造アーチ橋が架けられたが、常磐橋はその唯一の生き残りだ。

東京では石は採れないが、材料となる石はどこから運ばれたのか。江戸時代、江戸は巨大な城郭都市で、街道へ通じる出入り口には城門が設けられていた。これらは「見附」と呼ばれ、現代でも赤坂見附や四谷見附などにその

常磐橋の奥には日本銀行。2040年には首都高が地下化され、日本橋の復活が注目されているが、常磐橋と日本銀行本館のペアもビジュアル的に日本橋と甲乙付け難い魅力がある

上：東日本大震災で被災し、解体復元工事を行った。この際、石に小石川見附を建設した備前池田藩の家紋が刻まれていたことで、小石川見附の石を再利用したことが判明。併せて神奈川県真鶴付近の小松石と呼ばれる安山岩であることがわかった（著者撮影）
下：3代歌川広重による「古今東京名所　常盤橋内印刷局」（明治17年）。石橋の常磐橋の後ろの建物は、明治9年に竣工した紙幣寮（現・国立印刷局）の印刷工場

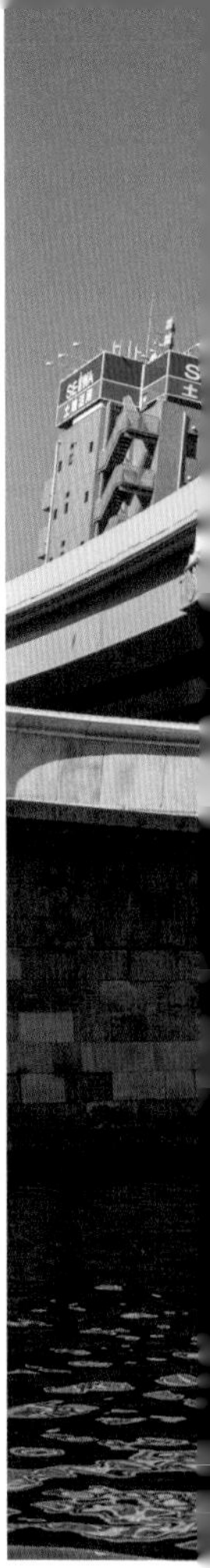

名を残しているが、江戸市中に36箇所もあり、常磐橋が架かる地もその一つだった。いずれも敵の侵入を防ぐため、高い石垣を積み強固な門扉を設け、道をクランクさせ、門前の堀や運河には太鼓橋を架けていた。明治になり馬車や人力車が登場すると、これらは交通の障害になった。そこで新政府は、見附の撤去を決断。石造アーチ橋は、見附撤去で発生した石垣の石材を再利用して架けられた。木造の太鼓橋に代わる強靭で平坦な構造、廃材利用、そして文明開化のイメージ戦略。石造アーチ橋は、新政府にとって一石三鳥の施策であった。ところが必ずしも当該箇所の見附の石が再利用された訳ではなさそうで、常磐橋は水道橋付近にあった小石川見附の石垣が転用された。

　常磐橋は大正12年（1923年）の関東大震災で被災し、存亡の危機を迎えた。損傷したうえに、すぐ下流に常盤橋が架橋され、一度は撤去が決まる。しかし、これに異を唱えたのが、あの渋沢栄一だ。渋沢は単に撤去に反対しただけではなく、補修費を持つと申し出る。この神対応。これを受け、東京市は橋の存続を決め、橋の補修と隣接する常盤橋公園の整備を行った。幕末、明治、大正と日本をリードし発展を見守ってきた渋沢にとって、文明開化の名残が消え去ることは、胸が張り裂けるような思いだったに違いない。渋沢のおかげで、私達は今も明治の文明開化の香りを嗅ぐことができるのである。

［紅林］

information

所在地：東京都千代田区大手町2丁目4・7／中央区日本橋本石町3丁目1・4丁目1　東京メトロ「三越前駅」から徒歩約1分、都営浅草線「日本橋駅」から徒歩約5分。「皿」の方の常盤橋は日本橋川の下流側約80m、新常盤橋は上流側約120m先にある

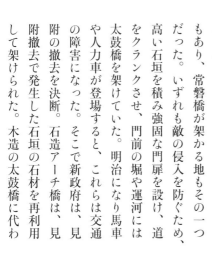

26 江戸から現代へと連なる土木遺産の宝庫

御茶ノ水駅・聖橋

【昭和7年・昭和2年】

御茶ノ水駅の周辺は、東京の土木遺産の宝庫である。どこから案内してよいか迷うほどだが、御茶ノ水駅を挟んで神田川の東側に架かる聖《ひじり》橋と、西側に架かるお茶の水橋を一周するだけでも満腹になれる。

中央本線の御茶ノ水駅の眼下に流れる神田川は、二代将軍・徳川秀忠の時代に江戸城外濠と日本橋方面を短絡するために本郷台地を開削して設けられた人口の河川。仙台藩の普請《ふしん》によって工事が行われた。このため「仙台堀」「伊達堀」とも呼ばれ、万治4年（1664年）に完成した。明治維新以後も、本郷台と駿河台を隔てる渓谷美は都心離れした景観として親しまれる。

神田川の転機となったのは昭和2年（1927年）に関東大震災後の帝都復興事業で完成した聖橋の架橋であった。放物線アーチで神田川を一気に跨ぐその印象的な姿は、震災から甦りつつある東京を象徴した。聖橋の設計は、分離派で知られる建築家の山田守がデザインを担当し、復興局技師の成瀬勝武《かつたけ》が構造計算を行なった。ニコライ堂と湯島聖堂の間を結んだため「聖橋」と名付けられ、神田川に新たな景観をもたらした。

そして、神田川の左岸の急崖に張り付くようにして建設されたのが御茶ノ水駅だ。明治37年（1904年）に開業した初代の駅は現在の御茶ノ水橋の橋詰に建つお茶の水交番のあたりに存在した。昭和7年に両国への延長線を建設するにあたって御茶ノ水駅は分岐駅として機能することとなり、2面4線のプラットホームを備えた新駅が現在の地に建設された。新駅は電車通勤の時代にふさわしい新しいコンセプトの駅として鉄道省技師の伊藤滋によって完成し、待合室を廃止して街路から改札口を経てプラットホームへ至る直線の動線を確保した。駅のデザインはインターナショナルスタイルによるモダニズム様式によって設計された。

御茶ノ水駅の西側で神田川を跨ぐお茶の水橋は、東京市道路局技師の小池啓吉と徳善義光によって設計され、昭和6年に側径間ヒンジ付の「π形ラーメンプレートガーダ」という形式で完成した。マッシブな量感で圧倒する聖橋に対して、軽快でスリムなπ形ラーメンを採用し、御茶ノ水駅を挟んで好対照をなした。

聖橋

間長32.31mは、当時国内で最大級の鉄骨コンクリートアーチ橋であった。2017年の長寿命化工事で新たな保護コンクリートで覆われ、建設当時の姿に復元された

右：JR御茶ノ水駅。バリアフリー化のため駅は全面改良工事の真っただ中（2025年完成予定）。駅舎は現在も四角い窓が規則正しく並ぶインターナショナルスタイル建築の特徴を確認できる。　左：お茶の水橋。「π形ラーメンプレートガーダ」の名のとおり、梁がπ形のようになっている（2007年撮影）

東京メトロ丸ノ内線の御茶ノ水駅。シンプルな直線のみで構成された外観に、ル・コルビュジエの影響を見出すことができる。大型のガラス窓を用いて曲線を構成する地上部の上屋も秀逸である

神田川橋梁。ハの字型で神田川を跨ぐ橋梁は、国内の鉄道橋では珍しい。昌平橋からはハの字型の橋脚がよく見える

好対照と言えば、神田川を挟んで右岸側に建つ丸ノ内線の御茶ノ水駅は、鉄道省で伊藤滋とともにモダニズム建築を手がけた土橋長俊《つちはしながとし》の設計により、昭和29年に完成した。土橋はそれ以前に鉄道省を休職して私費でフランスへ渡り、モダニズム建築の巨匠であるル・コルビュジエのアトリエに入門して1年間修業したことがあり、帰国後は伊藤滋の下で万世橋にあった鉄道博物館の設計などにあたった建築家である。伊藤滋の御茶ノ水駅の対岸に建つ土橋長俊の御茶ノ水駅は、戦前にもたらされたモダニズム建築が、戦争を挟んで戦後の建築へと確実に継承されたことを象徴している。

聖橋の上に立って東側を望むと、東京へ至る中央本線と両国へ至る総武本線が枝分かれしている様子を眺められる。東京へ至る中央本線は、明治43年に御茶ノ水～昌平橋仮駅が開業し、翌年に万世橋駅へ延伸［80頁参照］。神田駅から先の高架線は大正8年（1919年）に開業し、東京駅へと達することになった。一方、御茶ノ水駅から秋葉原を経て両国へ至る高架線は昭和7年に完成し、聖橋からは神田川を跨ぐ神田川橋梁や、外堀通りを跨ぐ松住町《まつずみちょう》架道橋の姿を確認できる。

忘れてならないのは、聖橋の直下で神田川を渡る地下鉄丸ノ内線の御茶ノ水橋梁の存在である。御茶ノ水橋梁は、昭和31年に丸ノ内線が御茶ノ水～淡路町間で延長開業した際に架設された「新参者」の橋梁である。風致地区の橋梁であることを重視した帝都高速度交通営団では、地下鉄技術研究会や地下鉄神田川（完成後に御茶ノ水に改称）橋

錯綜する電車の歴史と橋梁

技術やデザインの工夫がつまった御茶ノ水周辺を、それぞれの物語に想いを馳せて散歩するのも楽しいエリア

御茶ノ水橋梁。橋梁の内側（線路側）と外側で表面のリベットの仕上げが異なる点に注目したい

information

所在地：下地図参照　【JR御茶ノ水駅】東京都千代田区神田駿河台2丁目　【聖橋】東京都文京区湯島1丁目／神田駿河台4丁目　【お茶の水橋】東京都文京区湯島1丁目／千代田区神田駿河台2丁目　【東京メトロ御茶ノ水駅】東京都文京区湯島1丁目　【神田川橋梁】東京都千代田区外神田2丁目／神田淡路町2丁目　【御茶ノ水橋梁】東京都文京区湯島1丁目／千代田区神田駿河台4丁目

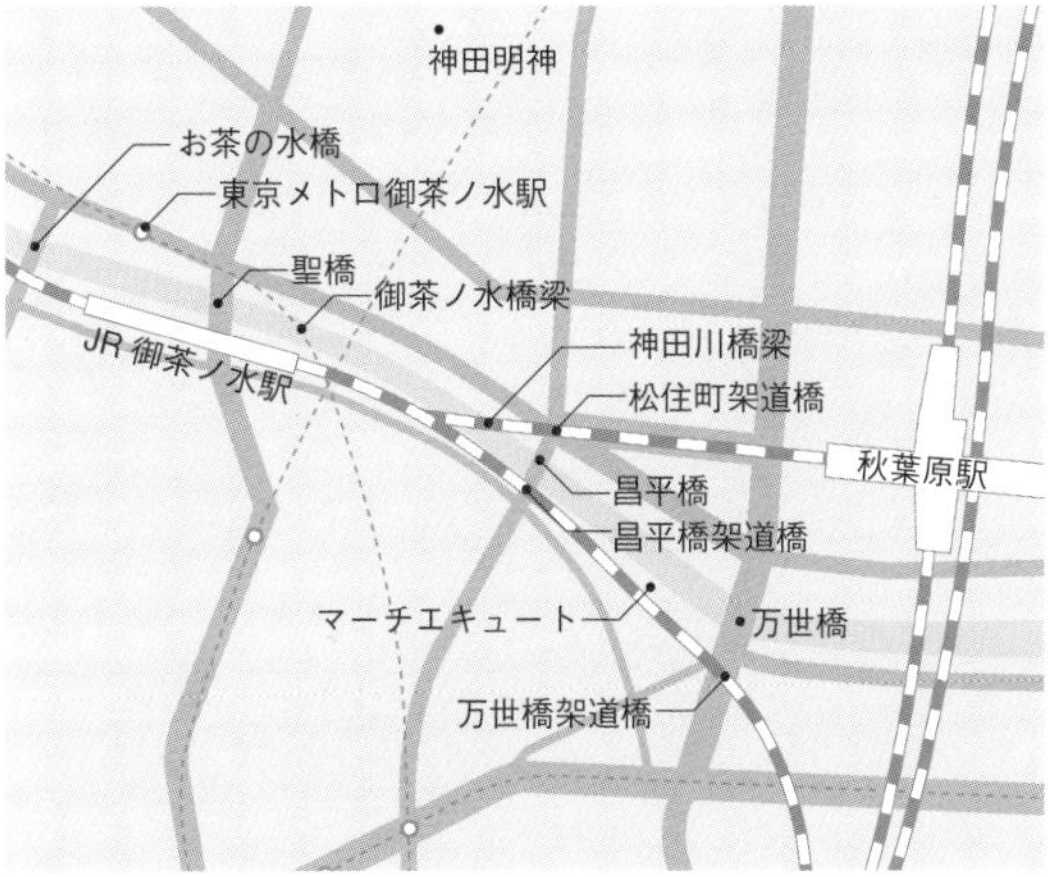

梁懇談《こんだん》会の議論を経て設計を進め、支間36メートルの「複線下路ボックスガーダ」という形式で完成した。地下を走ってきた丸ノ内線が一瞬ではあるが神田川の開放的な空間を渡ることになるため、主桁の高さを抑えて車窓からの眺望を確保したという。一部のリベットに皿鋲を用いて桁の表面を平滑に仕上げているのも特徴だ。［小野田］

27 またとない逸品がそろう橋の聖地

万世橋【昭和7年】

土木遺産の宝庫は御茶ノ水駅だけに留まらない。総武線の隣駅の秋葉原は言わずと知れたサブカルチャーの聖地であるが、御茶ノ水駅と秋葉原駅間は、橋マニアにとってもコアな橋が高密度で架かるまたとない聖地となっている。その代表格が万世橋《まんせいばし》だ。

万世橋は国道17号（中山道）が神田川を渡る橋。明治6年（1873年）、明治政府は江戸城の見附の石垣を撤去し、この廃材を用いて、上流100メートルにあった「筋違橋《すじかいはし》」という木造の太鼓橋を石造アーチ橋に架け替えた。明治になって、東京に初めて架けられた石造アーチ橋であった。石橋は明治36年に鋼鉄製のアーチ橋に架け替えられ、さらに震災復興に伴い昭和7年（1932年）に現在の橋に架け替えられた。一見、石造アーチ橋に見えるが、実は石造アーチ橋を模して切石を貼った鉄筋コンクリート造。橋には高さ4メートルもある巨大な親柱が立つ。震災復興で建設された橋のデザインは、モ

万世橋。現在は「まんせいばし」と読むが、明治6年の架橋当時は「よろずよはし」と読んだ。橋名が刻まれた当時の石の親柱は、今も神田明神の境内に保存されている

車道橋と両側の歩道橋からなる昌平橋と緑に塗装された松住町架道橋。昌平橋は歩道橋もレンガアーチ橋に見えるが、側面にレンガタイルを貼った鉄筋コンクリート造。下流側の歩道橋は、市電の専用橋だったが、震災復興で市電が車道橋の中央へ移動したため歩行者専用に。その際、上流側にも新たに歩道橋が架けられた。下流側の歩道橋と外観を合わせるために、わざわざレンガが貼られた

万世橋の橋台の地下にある公衆トイレ。震災復興では市内に多くの公衆トイレが建設された。そのうち数か所、都市景観を考慮して地下や半地下に建設された公衆便所があった

ダニズム建築の影響を受けて、明治期に見られたような華美な装飾は影を潜め、親柱も巨大なものはつくられなくなった。その中にあって、万世橋の巨大な親柱は異色な存在である。

　橋の直下には地下鉄銀座線が通り、万世橋は銀座線のトンネル上に直接載っている。橋と銀座線のトンネル工事は一体で行われた。橋の上流側で神田川を堰き止め、水は大きな鋼鉄製の樋を設置して下流側に流し、その樋の下で川底を掘削して地下鉄のトンネルを構築。続いてトンネルを土台にして橋を構築した。日本で初めての川底トンネルだった。この工事を計画し指導したのは、東京市橋梁課長の岡部三郎。岡部は生粋の橋梁技術者ではなく、前職の内務省での専門は河川。川を堰き止め、川底にトンネルをつくるという離れ業は、この岡部の専門性が活かされたゆえであった。

　万世橋にはもう一つ、他の橋には見られない特徴がある。橋台の地下室である。いずれも現在は使用されていないが、上野方は乗船場、日本橋方は公衆便所だった。震災復興では、公衆便所や水飲み場が市内各所に設置された。これらは震災時に、何が不足し何が求められたかを如実に物語っている。しかし、当時つくられた公衆便所のうち、東京で当時の姿のまま現存するのはここだけである。万世橋は、歴史を知る上で、大変貴重な語り部なのである。

　万世橋と双璧をなすのがお茶ノ水方、神田川に架かる昌平《しょうへい》橋。万世橋の架橋よりも早い大正12年（1923年）に完成した。東京では数少ない関東大震災以前に架けられた橋である。中央に車道橋、その両脇に歩道橋が分離して架かる珍しいつくりで、中央の車道橋は万世橋と同様に、石造アーチ橋を模して切石を貼った鉄筋コンクリートアーチ造。橋が架けられた大正時代、コンクリート色は「安っぽい」と言うのが技術者たちの定説で、このためコンクリート表面に石やレンガを貼ることが多かったのだ。

　昌平橋のすぐ南側で道路を跨ぐのが

上：昌平橋架道橋。銘板に刻まれたHARKORT社はドイツにあった会社で、アジアやアフリカの植民地に鉄橋を輸出し、日本でも九州の鉄道橋に多く採用された。　下：万世橋架道橋。1928年に架橋された日本初の曲線橋。桁は鋼鉄製だが、橋脚は鋳鉄製。設計は鉄道省の黒田武定が行った

元は、明治45年に開業した甲武鉄道の始発駅、万世橋駅であった。昭和18年に駅は休止。その後、平成25年に商業施設「マーチエキュート」として生まれ変わった

JR中央線の昌平橋架道橋。橋の中央には「1904HARKORT」と刻まれた大きな銘板が掲げられている。「1904」は橋桁の製作年を、「HARKORT」は橋の製造会社名を示している。1904年（明治37年）といえば日露戦争が勃発した年。以後120年間もの長きにわたり、中央線の過密ダイヤを支え続けているのだ。明治の土木技術に脱帽する思いである。

　昌平橋架道橋の両脇にはレンガアーチ橋が連なる。東側は現在、商業施設「マーチエキュート」が入るが、以前は鉄道博物館、さらに元をたどれば明治45年に開業した万世橋駅だった。当時中央線は「甲武鉄道」という私鉄で、万世橋駅はその始発駅。汽車を降りた乗客は、ここで市電に乗り換え、日本橋や銀座など都心へと向かい、万世橋駅は東京随一のターミナルとして賑わった。しかし、中央線が東京駅まで延伸されたことで中間駅となり、さらに近隣の神田駅や秋葉原駅の開業により乗降客は激減。駅は昭和18年に廃止された。

　万世橋のすぐ北にあり、国道17号を跨ぐ鉄橋は万世橋架道橋。昭和3年に架けられた日本初の曲線橋である。ちなみに道路の曲線橋は、これより約30年遅れ昭和31年に架橋された神奈川県小田原市の白糸橋。これを知ると、万世橋架道橋の先進性が一層際立つ。昌平橋の北側、天空に緑色の大きな弧を描くのは松住《まつずみ》町架道橋。重厚感が半端ない。昭和6年に架橋された鉄道初のタイドアーチ橋である。高密度に逸品がそろう御茶ノ水・秋葉原は散歩に最適である。［紅林］

information

所在地：79頁地図参照【万世橋】東京都千代田区外神田1丁目／神田須田町1丁目・2丁目　【昌平橋】東京都千代田区外神田1丁目・2丁目／神田淡路町2丁目　【昌平橋架道橋】東京都千代田区神田淡路町2丁目　【マーチエキュート】東京都千代田区神田須田町1丁目25-4　【万世橋架道橋】東京都千代田区神田須田町1丁目・2丁目　【松住町架道橋】東京都千代田区外神田1丁目・2丁目

橋の全容を見るなら隣接する商業ビル「ラクーア」の4階がおすすめ。窓越しに見ると大きな「人」の字が浮かび上がる

28 知れば知るほど味がある

後楽園北歩道橋

【昭和41年】

東京には歩道橋が約900ある。この数は、全国の都道府県ではトップである。歩道橋といえば、桁橋《けたばし》で上空から見ると「コの字型」と大方相場は決まっているが、交差点では4隅を結ぶ円形や四角形などのものもある。

後楽園の東京ドームの北、地下鉄丸ノ内線の後楽園駅前に架かる後楽園北歩道橋は、三叉路の交差点に架かっているため、交差点の三隅を結び、上空から見ると「人」の字を描いたような形をしている。さらに、中央の橋桁の接点付近をよく見ると、床に小さな「人」の字が描かれている。舗装のデザインにも見えるこの「人」の字の正体は……。

後楽園北歩道橋が架かるこの交差点は交通量が多く、橋桁の架設工事中も交差点内に橋桁を支える仮設材を設置できなかった。そのため、歩道上に設けた3か所の橋脚上から交差点中央に向かって片持ちで橋桁を延ばし、中央で突き合わせる工事手法がとられた。

3つの橋桁はつながっておらず、突き合わせただけ。そこにヒンジ（蝶つがい）を設けた。小さな「人」の字はデザインではなく、橋桁の分け目だったのだ。

専門的には「3方向プレストレストコンクリート有ヒンジラーメン箱桁橋」という構造。建設されたのは昭和41年（1966年）と、歩道橋でも古株に入る。しかも、世界にここにしかない構造という珍品中の珍品。外観は地味だが、知れば知るほど味があるマニア受けする逸品である。

［紅林］

下から眺めると片持ちになった3つの橋桁によって1つの歩道橋ができていることがよくわかる

information

所在地：文京区春日1丁目1・2／東京都文京区後楽1丁目3　アクセス：東京メトロ「後楽園駅」からすぐ、JR「水道橋駅」から徒歩約5分

29 実はすごい構造で線路を支える

2k540 AKI-OKA ARTISAN

【平成22年】

秋葉原駅と御徒町駅のちょうど中間地点、東京駅から距離にして2.5キロメートル離れた場所の高架下に、ものづくりをコンセプトにした商業施設2k540《ニーケーゴーヨンマル》がある。

　現在では多くの高架下に様々な商業施設の開発が行われているが、2k540はその先駆けとなるプロジェクトである。ものづくりに関連するショップが並び人気のスポットになっているが、土木的な視点から見ると、既存の高架柱を眺めながら、施設を楽しめるという点で大変面白い。

　この区間はJRの高架橋としては珍しい「フラットスラブ工法」と呼ばれる円柱によって構成されている。フラットスラブ工法を用いると梁がないため、高架下の空間が有効利用しやすいというメリットがある。また、神殿を思わせるような美しい空間を生み出していることも魅力だ。

　その歴史を紐解いてみよう。東京〜上野間の山手線の高架橋工事は大正9年（1920年）から大正14年に実施された。工事にあたっては地盤の状態に応じて様々な構造が採用されている。工事の完了を受けて翌年から貨物線の高架化改良工事が行われた。その際に秋葉原駅や御徒町付近の高架橋で当時の先端技術であったフラットスラブ工法が用いられたのだった。高架橋での適用は日本初とも言われている。2k540はこの貨物線の高架化改良工事の部分の高架下にあたり、構造体が建設時の様子を保ちながら、さらに美しく塗装された状態で見ることができる。

　御徒町がかつて江戸文化を伝える伝統工芸職人の町であったことから、この場所も「ものづくり」をテーマとしている。それぞれのショップが大変魅力的であることはもちろん、建設当時の先端技術を用い、美しい構造体をつくろうとした技術者や施工者たちのものづくりに対する努力や想いも感じられる空間になっている。［高柳］

上：フラットスラブ工法の柱の横にある一般的な柱と梁による橋脚。いかにこの円柱が特別な柱かがわかる。建設当時は、建設費捻出のため、高架下空間を広く使えるフラットスラブ工法を普及しようとしていた

鉄道業界では東京駅を起点とした距離「キロ程」で場所を示すことがある。2k540はこの距離が2km540m付近にあることから名づけられたという。

information

所在地：東京都台東区上野5丁目9　JR御徒町駅より徒歩4分、JR「秋葉原駅」より徒歩6分、東京メトロ「末広町駅」から徒歩3分

東京をつくったエンジニア【後編】

青山士《あきら》
1878-1963年
静岡県生まれ
東京帝国大学工科大学卒

明治43年の大水害を受け、隅田川から分岐する荒川放水路（現荒川）の内務省直轄事業を、主任技師として完成に導いたエンジニア。東京帝国大学在学中に内村鑑三に傾倒し、人民救済の道を土木に求め、大学卒業後は、当時の世界的大事業であるパナマ運河の建設に明治37年より従事。明治45年に帰国すると、彼はそこで習得した鉄筋コンクリートなどの先端技術を日本に持ち込み、内務省の技師として19年にわたって荒川放水路の建設を指揮。大河の風格ある人工河川を東京につくりだした。[北河]

太田圓三《えんぞう》
1881-1926年
静岡県生まれ
東京帝国大学工科大学卒

明治37年に逓信省鉄道作業局（後の鉄道院）に入る。鉄道始まって以来の秀才と謳われた。大正8年、鉄道院工務課長に就任すると、丹那トンネルに代表される建設機械導入に辣腕を振るった。関東大震災の復興では、復興局の土木部長として、土地区画整理、街路、橋梁、公園などの復興事業を主導した。隅田川の5大橋（永代橋、清洲橋、蔵前橋、駒形橋、言問橋）の形式選定では主導的役割を果たした。[紅林]

田中 豊
1888-1964年
長野県生まれ
東京帝国大学工科大学卒

大正2年に鉄道院に入り、日本初のシールドトンネルである折渡トンネルなどを設計した。関東大震災の復興では、復興局の橋梁課長として、橋梁の設計の中心を担った。昭和3年に鉄道省に復帰し、総武線の御茶ノ水駅から両国駅間の設計や、世界最長の溶接橋であった田端大橋の設計などを指導。その後も西海橋や皇居正門鉄橋などの設計を指導した。その功績を記念して土木学会田中賞が創設された。[紅林]

山田正雄
1913-1995年
愛知県生まれ
東京帝国大学工学部卒

戦後復興期から高度経済成長期にかけて東京の都市整備をリードした。地下鉄丸ノ内線、首都高速道路、環状七号、新宿副都心、多摩ニュータウンと、今も首都圏の都市機能を支える巨大インフラの構想・実現に尽力。大都市ニューヨークの整備を牽引したロバート・モーゼスを引き合いに出して、自ら「西のモーゼス、東の山田」との自負と覚悟をもって、成長著しい東京の都市問題に挑んだ。[北河]

V章 隅田川・荒川エリア

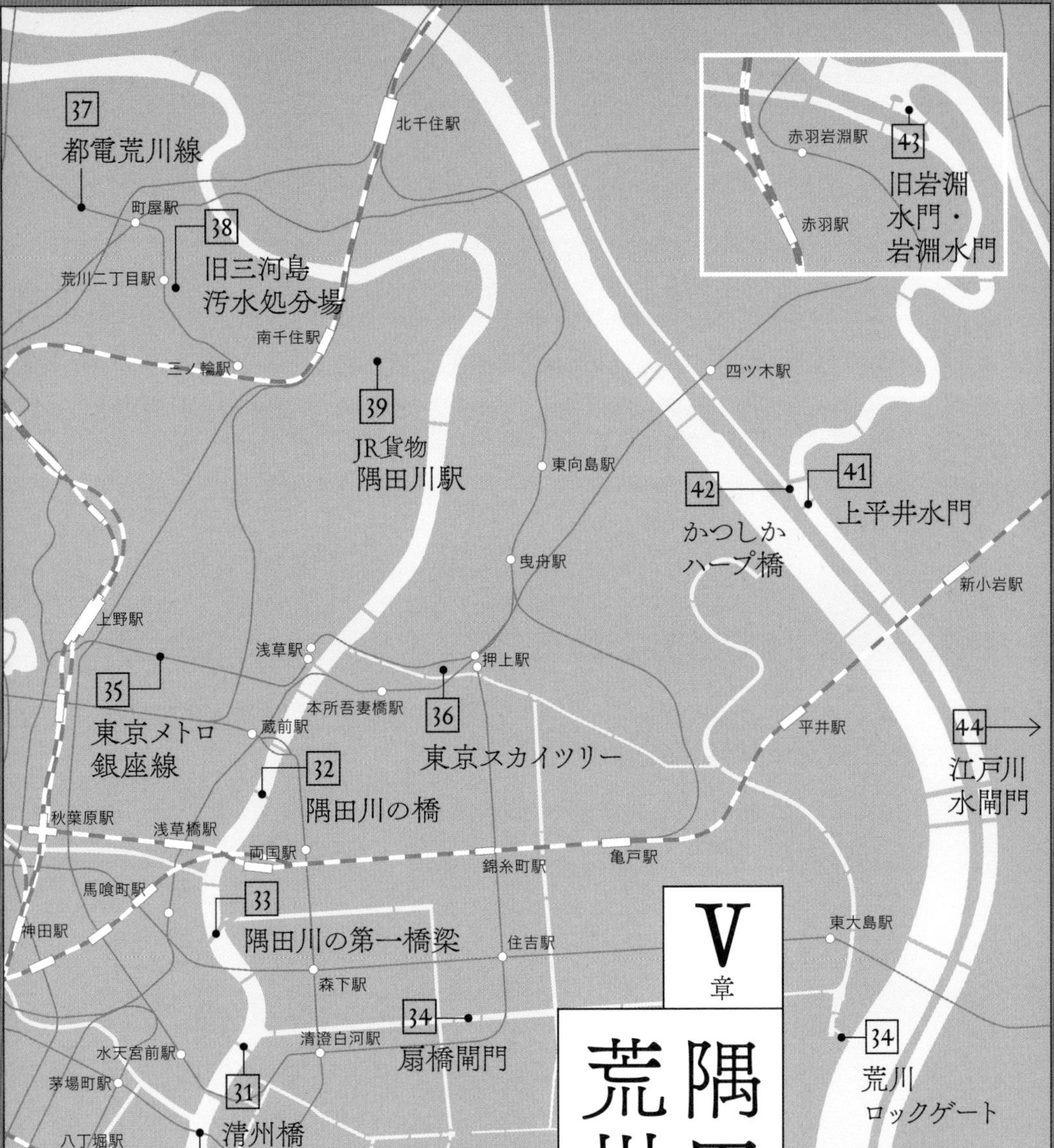
37
都電荒川線
町屋駅
38
旧三河島
汚水処分場
荒川二丁目駅
南千住駅
三ノ輪駅
北千住駅
39
JR貨物
隅田川駅
赤羽岩淵駅
43
旧岩淵
水門・
岩淵水門
赤羽駅
四ツ木駅
東向島駅
42
かつしか
ハープ橋
41
上平井水門
曳舟駅
新小岩駅
上野駅
浅草駅
押上駅
35
東京メトロ
銀座線
本所吾妻橋駅
36
東京スカイツリー
蔵前駅
32
隅田川の橋
平井駅
44
江戸川
水閘門
秋葉原駅
浅草橋駅
両国駅
錦糸町駅
亀戸駅
馬喰町駅
33
隅田川の第一橋梁
神田駅
住吉駅
東大島駅
森下駅
34
扇橋閘門
清澄白河駅
水天宮前駅
茅場町駅
31
清州橋
34
荒川
ロックゲート
八丁堀駅
30
永代橋
門前仲町駅
40
葛西橋
越中島駅
月島駅
西葛西駅
40
荒川中川橋梁
清砂大橋
潮見駅
豊洲駅
500m 1km

30 戦争対策と軍縮によって生み出された重厚なフォルム

永代橋【大正15年】

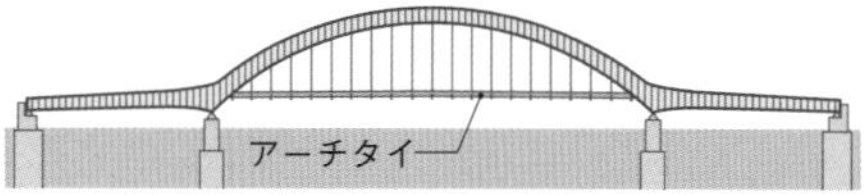

アーチの形状を保持するために設けられるアーチタイ

現在、隅田川に架かる最も古い橋である永代橋。大正15年（1926年）に架橋された。鋼鉄製の厚いアーチが醸し出す重厚感は、隅田川に架かる橋の中で随一である。なぜこんなにも厚いアーチが必要だったのだろうか？

永代橋をはじめ隅田川に架かる橋の多くは、関東大震災の復興で架橋された。それ以前に隅田川の鋼鉄橋は5橋、そのいずれもがトラス橋という構造だった。トラス橋はアーチ橋や桁橋《けたばし》など他の構造に比べて使用する鉄の量が少なくてすむ。このため材料費が抑えられ、橋の重量が軽いため基礎への負担も少ない。鉄が高価であり、地中深くに堅固な基礎を造る技術がなかった明治時代にあっては、たいへん優れた構造であった。

しかし、一つの戦争が橋の構造を変えた。大正初期の第一次世界大戦では、戦車などの重火器が登場、そして戦闘機による空爆が戦術を一変させた。トラス橋には前述したメリットがある一

中央付近のアーチの頂上付近を見上げると、先の大戦で投下された焼夷弾によって曲がった鉄材が目に留まる。焼夷弾をものともせずに耐え抜いたことがよくわかる

上：リベット（鋲）の丸い頭がつくりだす陰影がこの時代の橋の魅力でもある。この中に、近年の補強工事で設置された、径がわずかに大きいトルシアボルトがいくつか混じっているがおわかりになるだろうか？
下：上流側から臨む。佃島のビル群を背負い堂々たる佇まい

方、部材が一箇所でも破断すると橋全体が崩落するという脆弱性を抱えている。震災復興を主導した復興局はこれを恐れ、橋の主構造を骨組みのトラス構造ではなく、鉄板を重ね合わせた堅固な鈑《ばん》構造にすることを決めた。それは復興局が建設した115橋のうち、トラス橋は1橋もないという徹底ぶり。永代橋も重厚な鈑構造のアーチを持ったソリッドリブアーチ橋として誕生した。先の大戦では多くの焼夷弾が投下されたが、屈強な橋は見事に耐え抜き、避難する多くの都民の命を救ったのである。

永代橋の詳細な構造は「ソリッドリブタイドアーチ橋」という。タイドとは結ぶという意味。永代橋のようなアーチ橋では、アーチの形状を保持するために、アーチの下端同士を鉄材（「アーチタイ」と呼ぶ）で結んでいる。アーチタイには大きな引っ張り力が働く。永代橋ではここに、普通の鉄の約1.5倍の引っ張り強度を持つ「デュコール鋼」を使用した。デュコール鋼は、マンガンの比率を高めた鋼鉄で、英国海軍が開発し主に戦艦の製造に用いられた。強くて軽い、当時の高級ハイテク鉄材で、橋の材料として使用できるような代物ではなかった。しかし、大正11年のワシントン海軍軍縮条約により、日本の艦船保有量が米英の6割に抑えられたことで、デュコール鋼の在庫に余剰が生じ、その一部を永代橋のアーチタイに流用したのである。デュコール鋼を使用しなければ、今のような美しいフォルムはできなかっただろう。

永代橋の重厚で美しいフォルムは、皮肉にも戦争対策と軍縮という、20世紀初頭に生じた2つの相反する史実によって生み出されたのである。［紅林］

information

所在地：東京都中央区新川1丁目20・31／江東区佐賀1丁目1・永代1丁目1　東京メトロ「茅場町駅」から徒歩約8分、都営大江戸線・東京メトロ「門前仲町駅」「水天宮前駅」から徒歩約9分。清洲橋（次頁）へは隅田川テラスを歩いて約10分。橋からは日本橋川に架かる豊海橋［97頁］が見える

初夏の早朝、清澄白河側の北詰から望む。川面に反射し、橋の美しさを際立たせる

31 「震災復興の華」と呼ばれた日本唯一の橋

清洲橋【昭和3年】

左：清洲橋のモデルになったケルン大吊橋。第二次世界大戦末期にドイツ軍により破壊された（著者提供）
右：国内産にこだわった吊り材（チェーン）の架設工事。かなり大きいことがわかる（著者提供）

20世紀初頭、ドイツのライン川に世界で一番美しい橋と謳われた橋があった。ケルン市内に架けられた「ケルン大吊橋」。この橋の美しさは、見た者の多くを虜にした。

関東大震災発災の3年ほど前、後に橋梁課長として復興を主導した田中豊は、最新の土木工学を学ぶために、2年間の欧米留学の途にあり、その半分をドイツ滞在にあてた。ここで、田中はケルン大吊橋と出会う。田中もその魅力に取付かれた一人だったことは想像に難くない。なぜなら、震災復興で清洲橋にケルン大吊橋と同じ構造を採用。田中は論文や講演でも「ケルン大吊橋のコピー」とはばかることなく述べている。清洲橋の美しさは多くの人を魅了し、メディアは「震災復興の華」と報じた。

清洲橋は「自《じ》碇《てい》式チェーン吊り橋」という構造。架橋からすでに100年近くを経過したが、国内に同じ構造の橋はない珍しい吊り橋なのである。橋桁を吊る吊材はケーブルではなく、鉄

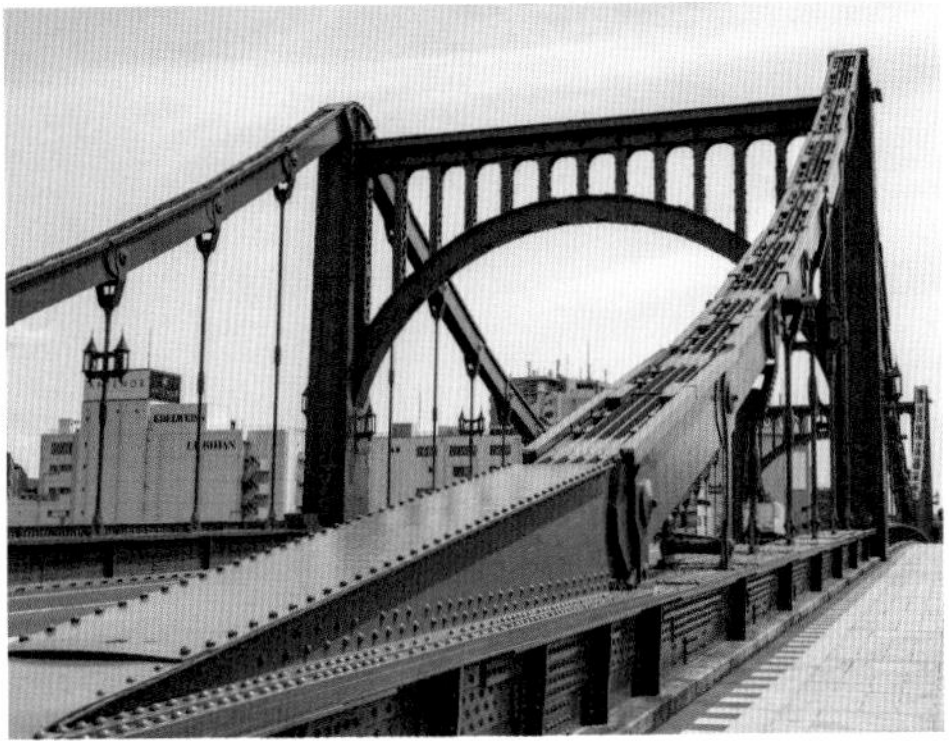

吊材の上面を見ると、鈑板を何枚も重ね合わせてつくられているのがわかる

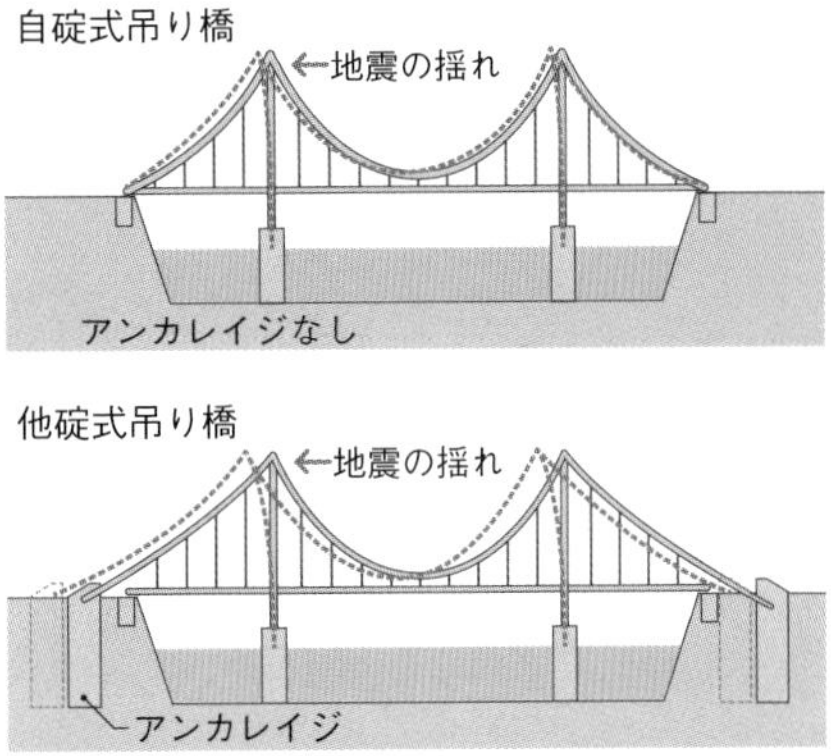

アンカレイジ（碇）がなく、自らが碇になるのが自碇式吊り橋。地震時の揺れが少なくなる

板をつなぎ合わせたチェーンが使われている。これは当時、高規格のケーブルを製造できるメーカーが国内になかったためという。震災復興では、国産技術の使用にこだわった。戦争などで破損したとき、国内の技術でなければ補修もままならない。チェーンからは、戦時などの危機管理を、現代よりはるかに求められた時代が透けて見える。

加えて、このチェーンには大きな引っ張り力がかかるため、永代橋［88頁］のアーチタイと同様に高張力鋼のデュコール鋼を使用した。当時の世界の高張力鋼の潮流はニッケルと鉄の合金。ところが、国内ではニッケルが採れなかったため、国内で採れるマンガンを用いたデュコール鋼を使用した。これもチェーンと同様に危機管理がなせる業であった。

また一般的な吊り橋は、アンカレイジ［※］にケーブルを定着し、ケーブルを介して橋桁を吊るが、清洲橋にはアンカレイジがない。ケーブルは橋桁の端部に定着し、橋桁自身がアンカレイジ（碇《いかり》）の役割を演じている。国内に架橋された吊り橋のうち、自碇式吊り橋が占める割合は、わずか1％以下。そんな中、清洲橋がこの構造を用いたのは、ズバリ耐震性が高いからであった。地震で揺れた際、アンカレイジに引っ張られて橋が不規則な動きをすることがない。単に見た目の美しさだけではなく、高い安全性も伴っていたのである。

さて、本家のケルン大吊橋は、現在はどうなっているのだろうか。第二次世界大戦末期、敗走するドイツ軍は、連合国軍の追撃を絶つために、自ら爆破して落橋させた。そして戦後も吊り橋は復旧されることはなかった。ゆえに、世界で一番美しい橋を見ることができるのは唯一、清洲橋だけとなった。

［紅林］

information

所在地：東京都中央区日本橋中洲1・6／江東区清澄1丁目8・1　都営大江戸線・東京メトロ「清澄白河駅」から徒歩約8分、「水天宮前駅」から徒歩約9分。永代橋からは日本橋側にある隅田川テラスを歩いて約10分

※ 橋の両端に設置した鉄筋コンクリート製の固まり

厩《うまや》橋【昭和4年】

鋼鉄製の3連の「タイドアーチ橋」という構造。橋全体のフォルムは、国内でここだけというドイツ表現主義のデザイン。アーチ橋のエンドポストの照明には、橋名にちなんでレトロな馬のステンドガラスが設置されている。夕闇が迫る頃、橋に灯がともり、ステンドガラスに馬が浮かび上がる時間帯が特におすすめ

32 川の景色を彩る 世界でも稀な「橋の博覧会」

隅田川の橋【昭和初期】

浅草の吾妻橋から日の出埠頭まで、隅田川を下る30分間の船旅では、かつて水の都と言われたもう一つの東京の顔を垣間見ることができる。船内には、橋をくぐるたびに橋についてのアナウンスが流れ、あらためて隅田川の橋の多彩さに気づかされる。

このように多種多様な橋が架かる川というのは、国内はもとより世界でも稀だ。パリのセーヌ川も美しい橋で有名だが、橋の大半はアーチ橋。ロンドンのテームズ川も隅田川ほどの多彩さはない。同じ様な川幅、同じ様な地形であれば架かる橋の構造は同じになるのは必然。ところが隅田川は違う。なぜだろうか。

隅田川に架かる橋の大半は、大正12年（1923年）の関東大震災の復興で建設された。それ以前の橋はすべてトラス橋で、構造に多様さはなかった。震災復興で橋の復興を担ったのは、復興局土木部長の太田圓三《えんぞう》と橋梁課長の田中豊。太田は、隅田川の橋は帝都復興のシンボルであるべきと考え、そこには最先端技術と都市美を兼ね備えた橋こそふさわしいと唱えた。まず世界各地の日本大使館に各国の橋の写真や図面の収集を依頼。それらをもとに隅田川の橋の構造を計画。太田が橋のグランドデザインを描き、田中が技術的な面からそれをサポートし具現化していった。そして、世界の最先端技術をちりばめた橋梁群を隅田川に出現させた。

工事費を抑え、工期も短縮するために、すべて同じ構造の橋で架けるべきとの声が政府やメディアからあふれた。もし永代橋を、当時最も安価な構造のトラス橋で建設したら、1／3程度の工事費で済んだであろう。しかし、太

田や田中らはそれを良とはしなかった。田中は後年、雑誌の対談でその理由を尋ねられ、建前として、すべて同じ構造であれば、老朽化が同スピードで進行し、将来架け替え時期が重複することや、一定規模の地震が起これば、すべて落橋してしまうリスクがあることなどを挙げた上で、若手技術者が様々な構造の橋にチャレンジすることで、日本の橋の技術全体がアップできるからと答えている。当時の日本の橋の技術は、欧米諸国から大きく遅れをとっていたが、復興を通じて多くの技術者が育ち技術力を得たことで、一気に橋の先進国入りを果たした。そして、戦争による長い停滞はあったものの、やがて瀬戸大橋や明石大橋など世界一の橋梁技術として結実するのである。

発端はただの人事とメンツ

ところで、これらの多くは米英ではなくドイツに範をとった。これはドイツが新興工業国として新構造の橋を次々に建設していたことのほか、復興

駒形橋【昭和2年】

鋼鉄製の中路式アーチ橋と上路式アーチ橋2連からなる。中路式・上路式アーチ橋は、アーチを保持するために橋台や橋脚に大きな水平力が働く。これを支えるには地盤が良いことが必須条件で、この地は隅田川沿いで最も地盤が良い箇所。橋脚にある円形のアルコーブとアールデコ風の照明がアクセントに

白鬚橋《しらひげ》【昭和6年】

当時は東京市外であったため、他とは異なり震災復興事業ではなく、東京府による環状道路建設事業の一環で架け替えられた。鉄骨製のアーチがトラス状に組まれた「ブレストリブ・バランストタイドアーチ橋」という構造。アーチにトラスを用いたことで、鉄の量はほぼ同規模の永代橋の約半分に抑えられた

蔵前橋【昭和2年】

鋼鉄製の3連の「上路式アーチ橋」。震災で上路式アーチ橋の被害は皆無だったことから、周辺の土地の高さが十分あるなどの条件が整えば、同構造が積極的に用いられた。官地であった両岸を盛り土で嵩上げし、高さを十分確保した上で架橋された。橋脚上のアルコーブ、橋脚下の半球状の水切りなど、優雅なデザインが特徴

言問橋《こととい》【昭和3年】

鋼鉄製の「ゲルバー式鈑桁《ばんげた》橋」という構造。支間長は67m、当時の桁橋は国内では20m程度が最大で、67mは規格外の寸法。田中豊がこの橋を「かなり大胆な設計」と評したのも頷ける。震災以前、鉄橋と言えばトラス橋が主流だったが、田中は将来桁橋が主流になると予見。その通り、今日では桁橋が最も標準的な構造になった

両国橋【昭和7年】

言問橋と同じ鋼鉄製の「ゲルバー式鈑桁橋」という構造。明治37年に建設された旧橋の橋脚と基礎を補強して使用している。特徴的な大きな球形の親柱は、両国橋の名前の由来になった武蔵国と下総国を結ぶという小スケールではなく、本当の国と国を結ぶというグローバルな視点から、地球儀をイメージした

吾妻橋《あづま》【昭和6年】

鋼鉄製の3連の「上路式アーチ橋」という構造。先代の橋は明治20年に隅田川に初めて架けられた鉄橋（トラス橋）だった。関東大震災が発生した大正12年9月1日、この橋は架け替え工事中で、その朝に仮橋へ交通を切り替えたばかりだった。仮橋は木造であったため焼失し、わずか半日の命だったという

総武線隅田川橋梁【昭和7年】

復興局橋梁課長の田中豊は昭和3年に鉄道省に復帰。そこで設計を指導したのが、総武線の御茶の水駅〜両国駅間の建設。この間にある隅田川の橋梁に、鋼鉄製の「ランガー橋」[※] を採用した。復興事業では隅田川に20世紀初頭の様々な構造の橋を架けたが、唯一用いられなかったのがランガー橋。最後にこのランガー橋を加えたことで、フルラインナップとなった

を主導した太田や田中が鉄道省出身であったことが影響を与えた。日本の鉄道は、明治当初は英国から技術者を招いたが、明治も後半になるとドイツから技術者を招き、東京駅周辺の高架建設などを進めてきた。このため、太田や田中らの鉄道省のエリート達の留学先も、必然ドイツが中心であった。もし、米国が主な留学先であった道路技術者達が設計していたなら、明治時代の隅田川がそうであったように、米国で多いトラス橋が多くを占めていたことであろう。

　ではなぜ、鉄道省が復興局の中枢を占めたのか。復興局の局長は、直木倫太郎。前職は当時日本の都市計画の最先端をいく大阪市の都市計画部長だった。一市役所の部長から中央官庁技官の最高峰への転身、大抜擢人事だった。復興局は臨時の組織であったため、職員は各省庁からの派遣に頼らなければならなかった。しかし、直木の人事などに対し、当時中央官庁で最大の技官を抱えていた内務省土木局が反発。なんと復興局に職員を派遣しなかった。これを見た鉄道省次官の岡野昇は、東大で同窓だった直木を憂い、鉄道省でも多くの復旧を抱えていたにも関わらず、田中などエース級の投入を決めたのだった。大人気ない話であるが、災い転じて福。土木局が職員を派遣しなかった故に、私たちは現在、世界で唯一、20世紀初頭の様々な構造の橋が一堂に会した「橋の展覧会」を見ることができるのである。［紅林］

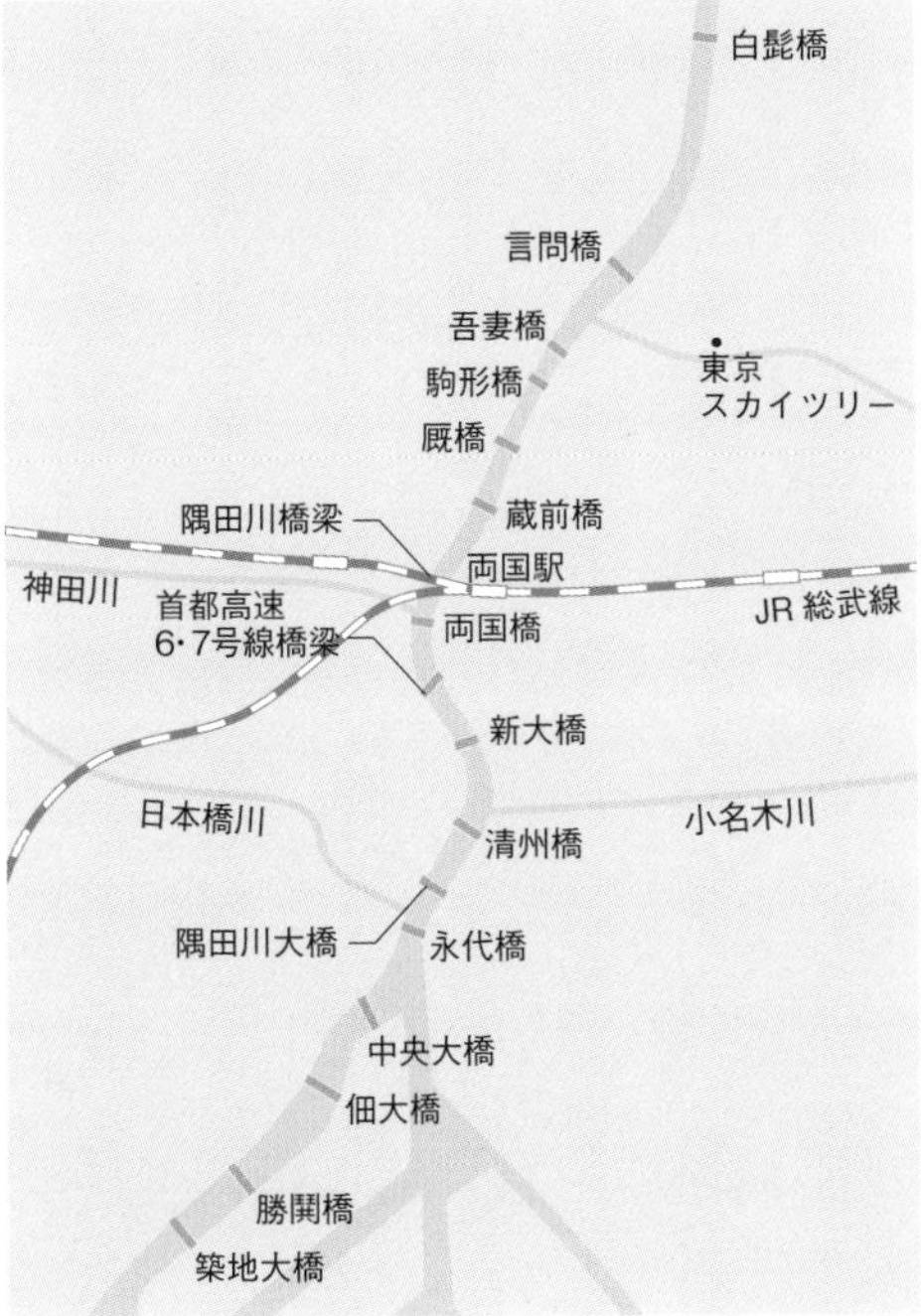

information

所在地：東京都中央区・墨田区・台東区・荒川区　【白鬚橋】東武伊勢崎線「東向島駅」から徒歩約13分　【言問橋】都営浅草線「本所吾妻橋駅」から徒歩約8分　【吾妻橋】各線「浅草駅」から徒歩約2分　【駒形橋】都営浅草線「浅草駅」から徒歩約2分　【厩橋】都営大江戸線・浅草線「蔵前駅」から徒歩約1分　【蔵前橋】都営大江戸線・浅草線「蔵前駅」から徒歩約5分　【両国橋】JR「馬喰町駅」「両国駅」・都営浅草線「東日本橋駅」から徒歩約5分

※ オーストリアのランガー博士が考案した桁橋をアーチで補剛した構造で、アーチが滑らかな曲線ではなく複数個所で折れ曲がり線も細い

南高橋【昭和7年】

構造は鋼鉄製のトラス橋。詳細には明治期のトラス橋に多用された鉄と鉄をピンで結合して組み立てられたアメリカンタイプのプラットトラス橋

33 航行する船の
目印となった多彩な橋梁群

隅田川の第一橋梁

【昭和初期】

様々なタイプの橋が架かる隅田川。これらの多くは関東大震災の復興事業で架けられたが、この復興では隅田川以外にも意図的に異なるタイプの橋が架けられた場所がある。それは、特定の川や運河ではなく、隅田川に注ぐ河川や運河の最も隅田川寄りに架かる橋。これらは「第一橋梁」とも呼ばれるが、ここにすべて異なるタイプの橋が架けられた。隅田川に注ぐ日本橋川や小名木川などの河川や運河は、川幅に大差なく、ゆえに誤ってしまうことも多く、航行する船頭泣かせであった。そこで、橋の形を変えることで差別化を図ろうと試みたのである。

クラシカルで優雅・南高橋

橋は映画やドラマの名場面を演出する。綾瀬はるか主演の『今夜ロマンス劇場で』のクライマックス。雨中、綾瀬がクラシックな橋を疾走し、危篤の恋人のもとへ急ぐシーン。ここに登場する橋が亀島川の第一橋梁の南高橋で

豊海橋【昭和2年】

フィーレンデール橋は、骨太なフォルムが特徴。それが豊海橋にこの構造が採用された理由で、すぐ傍の雄大なフォルムの永代橋［88頁］に存在感で負けないようにと選ばれた。手前に豊海橋を配し、背景に永代橋を入れても、永代橋上から豊海橋を眺めてもいずれも絵になる。横から見るか正面から見るかで、印象が異なる

ある。橋の正面は、西洋の城を思わせる両脇の2本の塔と、鋳物の化粧パネルで彩られている。このような装飾は、明治期の東京の橋に多くみられた。

鋼鉄製のトラス橋のこの橋は、元をただせば明治37年（1904年）に隅田川に架橋された両国橋だった。両国橋は関東大震災での損傷は軽微であったので、当初は引き続き使用する予定だったが、幅員が狭いため将来交通のボトルネックになることを危惧し、復興事業の最後の最後に架け替えを決定。そして、旧橋の一部を南高橋として移設したのである。

『今夜……』で、綾瀬が演じるのは現代に蘇った昔のB級映画のお姫様。このお姫様と南高橋、どちらも著名というわけではないが、その姿はクラシカルで優雅。お姫様の姿に南高橋がシンクロする。だからこそ、南高橋がロケ地として選ばれたのであろう。細い鉄が織りなす繊細さ、メカニカルなピン結合、トラス橋の美しさを存分に味わえる名橋である。

実は珍しい構造・豊海橋

橋の構造名にはアーチ橋やトラス橋など多くの種類がある。日本橋川の最下流に架かり、梯子《はしご》を横にしたような形の豊海橋。この橋の構造名を正確に答えられる人は、かなりの橋マニアだ。構造名は「フィーレンデール橋」、おしゃれな響きだ。

豊海橋は、関東大震災の復興事業でフィーレンデール橋として国内に初めて架けられた事例であった。まだ米英にもなかった最新構造で、国内にも戦前を通してわずか4橋しか架けられなかったという希少な橋である。少なかった理由は、ズバリ構造計算が複雑だったから。この難設計を任されたのは、東京帝国大学を卒業して復興局に入ったばかりの弱冠22歳の福田武雄。彼を指名した橋梁課長の田中豊の目に狂いはなく、福田は設計を見事にやり遂げ、1年後には東大に助教授として呼び戻され、後に同大学の教授や土木学会会長を歴任した。

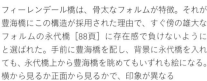

萬年橋【昭和5年】

江戸以前の海岸線だったといわれており、地盤が弱いのもそのため。江戸期には太鼓橋が架かっており、北斎や広重の浮世絵に描かれたことで有名。ライトアップされた夜景も美しい

江戸から親しまれてきた萬年橋

小名木川は、現在の千葉県にある行徳と江戸を結ぶ「塩の道」として開削された運河だ。江戸時代初期から昭和前期まで、神田川と並ぶ物流の大動脈であった。このため、関東大震災の復興にあたっては、舟運の支障とならないように、川の中に橋脚の設置は認められなかった。

　小名木川付近は、地盤はあまり良くなく、加えて地盤も低いことから、震災復興では、川面からのクリアランスがとれるうえに軽い、下路式のトラス橋が多く架橋された。その中で萬年橋は、他の第一橋梁と同構造にならないよう、また河口のランドマークとなるよう考慮され、アーチがトラス構造の「ブレストリブタイドアーチ橋」が選ばれた。

　江戸時代は、橋の上から富士山が望めたという。さすがに今ではそれは叶わないが、クラシックな外観は、近傍の清洲橋と並んで、墨東地区になくてはならない美しい都市景観を形づくっている。

神田川の玄関口・柳橋

　御茶ノ水駅付近［76頁］の神田川の渓谷を見ると、この川が人工河川だとはにわかに信じ難い。家康の江戸入府以前、神田川は平川と呼ばれ、現在のように飯田橋でほぼ直角に東に曲がるのではなく、そのまま南下し九段坂下あたりまで広がっていた日比谷入江に注いでいた。この平川は江戸城造成に伴い、堀や日本橋川に付け替えられ、1616年には飯田橋から隅田川に東進する今日のルートが開削された。本郷台地など江戸以前から陸地だった箇所を掘削したため、川沿いと言っても地盤が良く、震災復興では大半の橋が上路式アーチ橋で架けられた。その中で、柳橋にはミニ永代橋のようなゲート性がある鋼鉄製の「ソリッドリブタイドアーチ橋」が選ばれた。

　江戸時代、江戸市街を水害から守るために、神田川の南岸だけに高い堤が

枕橋【昭和3年】

江戸時代、この地には2つの橋が並んで架かり、その様が一つの布団に並んで置かれた枕のようであったため、誰いうともなく「枕橋」と呼ばれるようになったという。明治になりそれが正式名称に。鉄筋コンクリートのアーチ橋に切り石が貼られる

柳橋【昭和4年】

神田川の河口にかかる柳橋。柳橋といえば、粋な花街、橋を行きかう芸者の姿が目に浮かぶ。それをイメージしたのか、橋の欄干にはあたかも芸者が置き忘れたかのようにかんざしを模した飾りが付けられている

築かれた。堤には柳が植えられ、橋の名はこれにちなむといわれている。

アールデコ調の枕橋

墨東地区は地盤高が低く軟弱なため、震災復興では軽いトラス橋が多く架けられた。その中で唯一、重量が重い鉄筋コンクリート造のアーチ橋が架けられたのが、北十間川の第一橋梁、枕橋である。

橋の側面には切り石が貼られている。石造アーチ橋を模したというよりは、切り石の目地によりアールデコ調にデザインしたという方が相応しいモダンなつくり。親柱も石造で、中央が膨らんだ円筒型の不思議な形。ビア樽を模したという。なぜなら、近くにアサヒビールの工場があったから。昭和の初めの粋でモダンなデザイン。橋を見ていたら喉が渇いてきたというときは、散歩の締めに工場跡地にあるビアホールで一杯というのもよいのでは。［紅林］

information

所在地：東京都中央区・江東区・台東区・墨田区
【南高橋】JR・東京メトロ「八丁堀駅」から徒歩約4分　【豊海橋】東京メトロ「茅場町駅」から徒歩約8分　【萬年橋】東京メトロ・都営大江戸線「清澄白河駅」から徒歩約5分　【柳橋】JR・都営浅草線「浅草橋駅」から徒歩約4分　【枕橋】都営浅草線「本所吾妻橋駅」から徒歩約5分

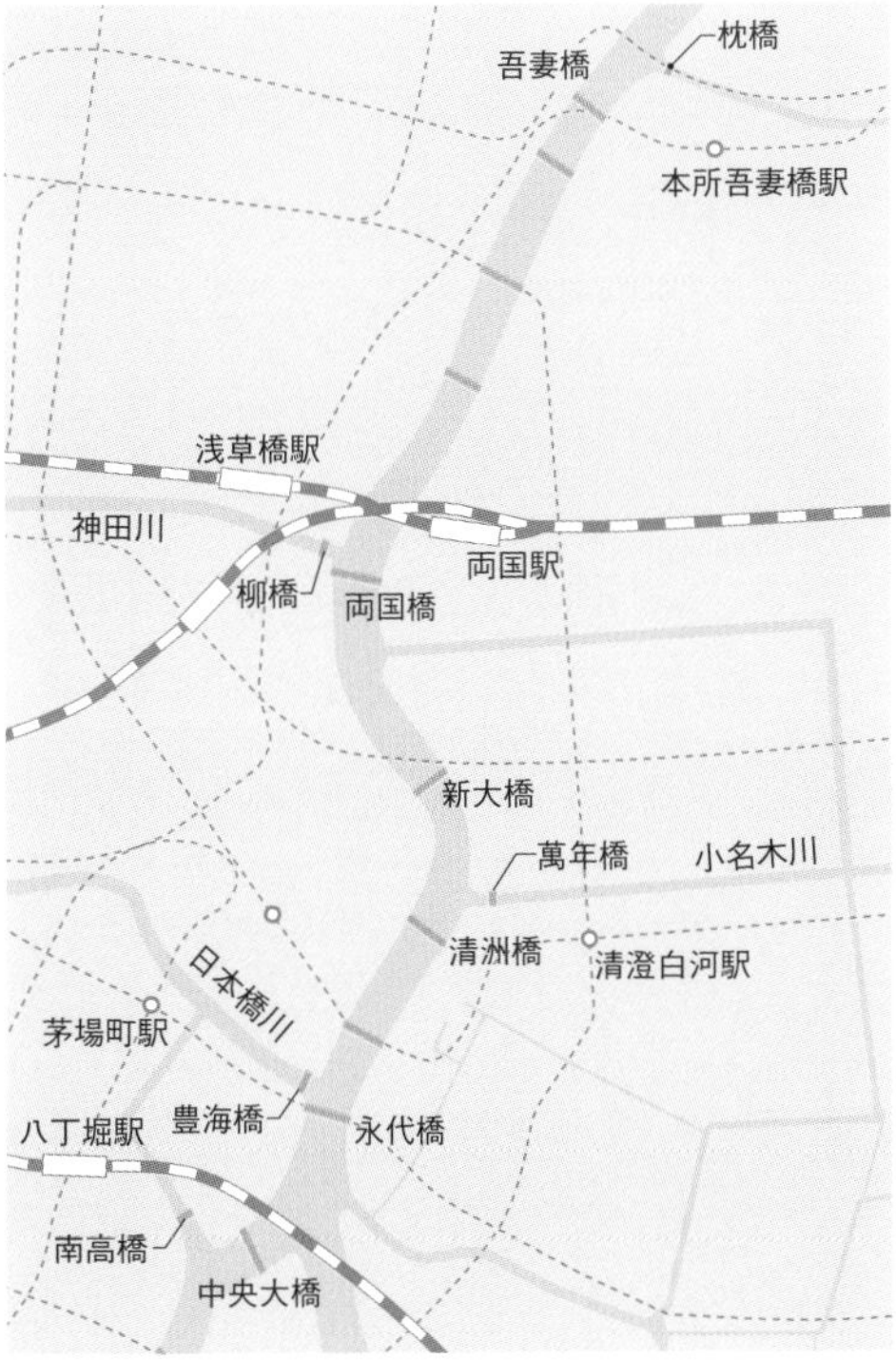

34 江戸東京を代表する水辺の風景・小名木川の舟運

扇橋閘門・荒川ロックゲート

【昭和51年・平成17年】

明治の終わりから昭和の初めにかけてつくられた荒川放水路（現在の荒川）。しかし、長さ22キロメートル、幅500メートルの巨大な水路を、集落や既存のインフラを避けて通すのは容易なことではない。国土交通省のデータによると、この建設に伴い22の社寺と約1300世帯が移転を余儀なくされたという。また、この土地を流れる多くの川や用水路にも改変が求められた。

なかでも小名木川は、江戸期以来の重要な水路であり、荒川によって分断された旧中川、新川との合流部には、小名木川閘門《こうもん》、小松川閘門、船堀閘門の計3基の閘門が集中的につくられた。いずれも鉄筋コンクリート造だが、小松川と船堀には欧州の古城をおもわせる装飾が施された。

「重い扉を支へる石造の塔が、折から立ちこめる夕靄の空にさびしく聳えている。……偶然わたくしの眼には仏蘭西の南部を流れるロオン河の急流に、古代の水道（アクワデク）の断礎の立つて

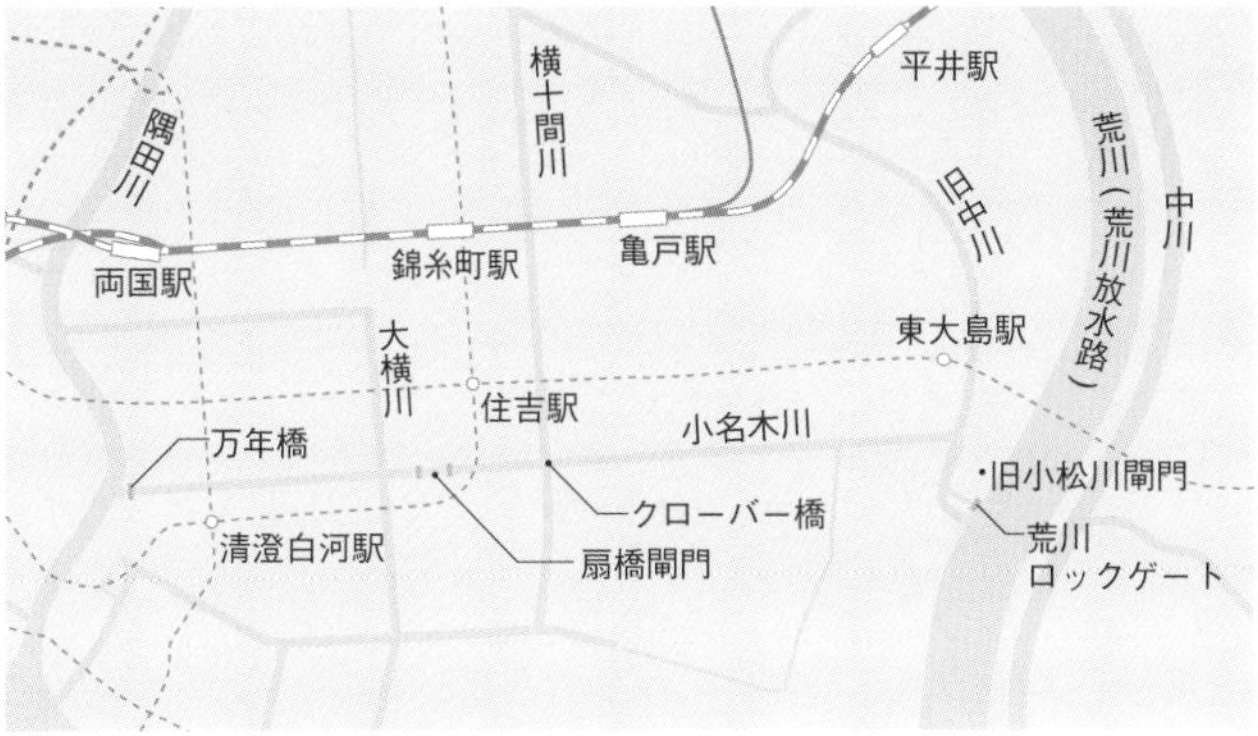

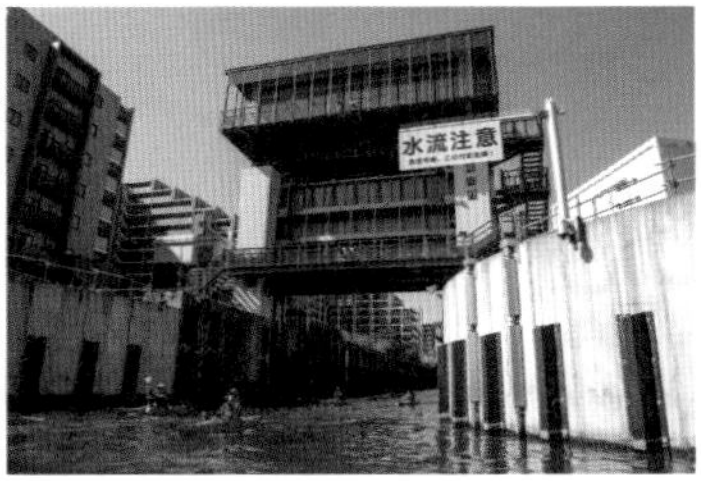

扇橋閘門

カヌーのような小さなものから、長さ90m、幅8mまでの船であれば通航できる。令和元年に耐震補強工事が終わりリニュアルして、見た目も現代的な装いに

旧小松川閘門

荒川と中川の通航のために昭和5年（1930年）に完成した旧小松川閘門。舟運が盛んだった頃は多くの船が行き交った。昭和51年まで使われ、現在は2門のうちの1つが小松川公園内に保存されている

一部の間では「東京のパナマ運河」とも称される扇橋閘門。水位が高い隅田川と低い旧中川をつなぐ小名木川の高低差を解消するために設けられた

ゐる風景を憶ひ起こさせた」隅田川界隈から失われつつあった情緒を、荒川放水路に見出そうとした永井荷風《ながいかふう》の描写である。このうち小松川閘門はその後地中に埋められ、まさに古代ローマの廃墟のように草むらに佇んでいる。

昭和40年代には、地下水の利用により江東デルタ地帯の地盤沈下が深刻化する。特に、小名木川と十字に交差する横十間《よこじゅっけん》川より東側の沈下が顕著で、東京湾の潮位の影響を受ける小名木川西側との間で水位差が広がり、船の通航が困難になった。そこで昭和51年（1976年）、小名木川の中央に扇橋閘門が建設された。こうして、4世紀を

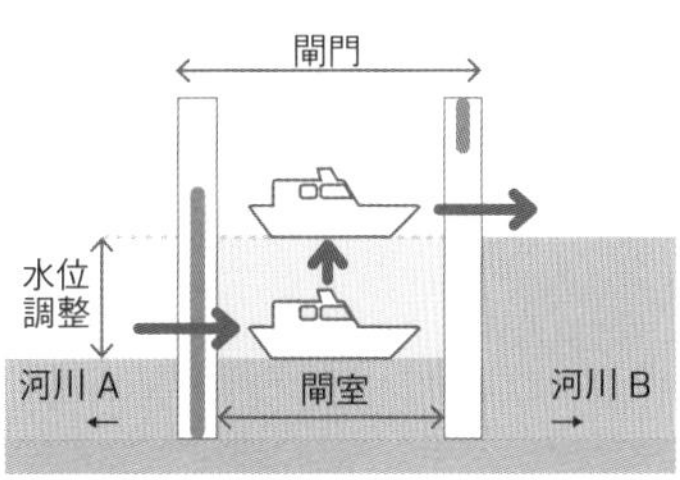

閘門（ロックゲート）とは、水面の高さが異なる2つの川のあいだを船を通航させるための施設で、水門を設けて水面の高さを調整する

超える歴史を持つ小名木川の舟運は今も辛うじて維持されている。

　近年では、災害時の利用も視野に入れて、東京の舟運を盛り上げる活動が広がっている。その中で、かつての小松川閘門に代わって、荒川と旧中川の水位差を調節する荒川ロックゲートが平成17年（2005年）に竣工した。スーパー堤防と一体的に整備され、緊急的な使用を想定して10メートル毎分という速さで門扉が開閉するのが特徴である。

　今や、荷風が追い求めた幻影をここに見出すのは難しいが、多くの地震と水害を経験した現代日本ならではの新たな水辺の風景が生まれつつある。

［北河］

江東デルタ地帯をつなぐ要

荒川ロックゲートの完成により、小名木川や横十間川、旧中川などを利用した江東デルタ地区の舟運が現実的になった

荒川ロックゲート

荒川ロックゲートは、水面の差が最大3.1mになる荒川と旧中川をつなぐ役割。完成により小名木川を通って荒川と隅田川の往来が可能に。引き船と台船が利用することを想定して、最大で長さ55m、幅12m、高さ4.5mの船が通過できるようになっている

information

所在地：【扇橋閘門】東京都江東区猿江1丁目5-18、【荒川ロックゲート】東京都江戸川区小松川1丁目1　扇橋閘門へは、東京メトロ・都営新宿線「住吉駅」から徒歩約6分。都営新宿線「東大島駅」から旧小松川閘門（大島小松川公園内）までは徒歩約6分、荒川ロックゲートはそこから徒歩約5分

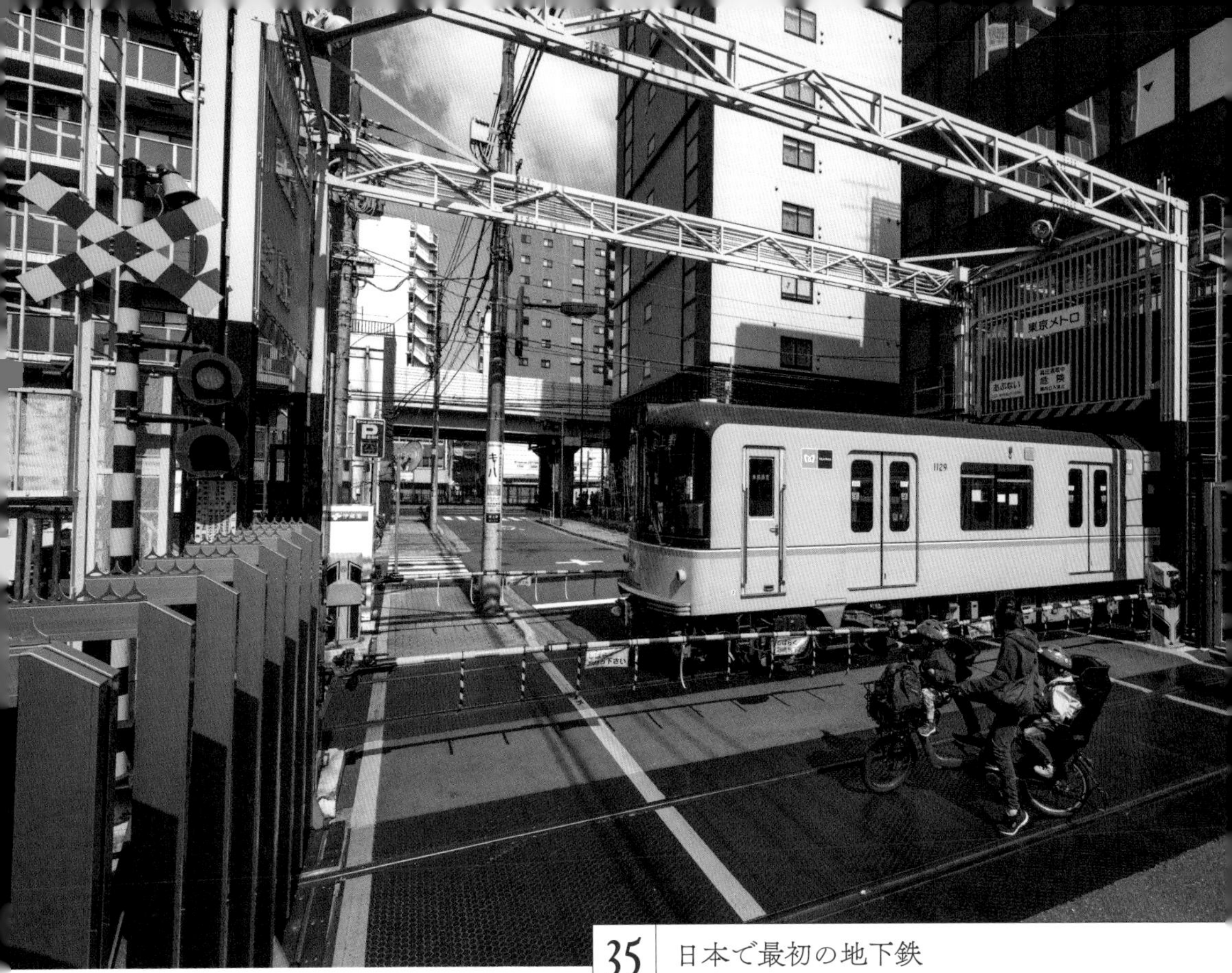

踏切を通過する回送電車。思わぬ場所に出現する地下鉄電車にちょっとびっくりする

35 日本で最初の地下鉄

東京メトロ銀座線

【昭和2年】

現在の東京メトロ銀座線・浅草～新橋駅間の源流である東京地下鉄道は、「地下鉄の父」と称される早川徳次《のりつぐ》の発案によって大正9年（1920年）に設立され、日本で最初の地下鉄として「品川～新橋～上野～浅草」の路線と「上野～南千住間」の2路線の実現を目指した。初代社長として土木工学界の元勲である古市公《ふるいちこう》威《い》を推戴し、鉄道省からも技術者が移籍して建設が進められた。

しかし、関東大震災や不況の影響などで会社の経営は厳しい状況が続いたほか、いくつかのライバル会社が出現するなど、その前途は多難であった。このため、最初の開業区間を上野～浅草間に絞って早期に地下鉄を実現することとし、昭和2年（1927年）12月30日、師走の東京に日本で最初の地下鉄として東京地下鉄道が開業した。

東京地下鉄道はさらに品川を目指して線路を延ばし、昭和9年には新橋～浅草間が開業したが、昭和14年に渋谷から都心を目指した東京高速鉄道が新

90年の歴史あり
見どころもりだくさんの銀座線

地下鉄なのに渋谷駅のホームが地上3階にあることで有名な銀座線。渋谷駅から出た電車はすぐに地下へと潜り、終点の浅草駅までそのまま地下を走るが、実は上野駅付近でも地上で銀座線（車両）を見ることができる。それが上野検車区

橋に進出したため、協議の末に相互直通運転を開始し、品川への延伸を断念して、これが現在の東京メトロ銀座線となった。

銀座線では平成29年の地下鉄開業90周年にあわせて全駅のリニューアル工事が行われた。上野駅では開業時に使われていた木製回転式改札（ターンスタイル改札）のレプリカを設置し、神田駅のプラットホームでは開業時の鉄骨をライトアップするなど、銀座線の歴史を物語る遺産にあちこちで出会うことができる。

［小野田］

上野車検区の踏切は、常時は開いたままに。門扉も閉じられている。車両が通るための踏切もあるが、「地下鉄のための踏切」は日本でも大変珍しい逸品

上：浅草駅には吾妻橋の橋詰に建つ社寺建築風の出入口がある。これは震災復興事業として行われた吾妻橋の架橋と雷門通りの街路整備に合わせて完成した年代物
下：浅草寺側の面格子にはよく見ると「地下鉄出入口」と描かれた隠し文字が潜んでいる

上：銀座線開業90周年を記念して、完成当時の鉄骨柱がライトアップされた神田駅。また、末広町駅では上り線と下り線の間の鉄骨柱は竣工時のまま残っている
下：上野駅では「ターンスタイル改札」のレプリカが展示されている。右側にある箱に運賃の硬貨を入れて、十字型の木製のバーを押して中に入る。2027年には開業100周年を迎える。100周年にはどんな記念事業が行われるのだろうか

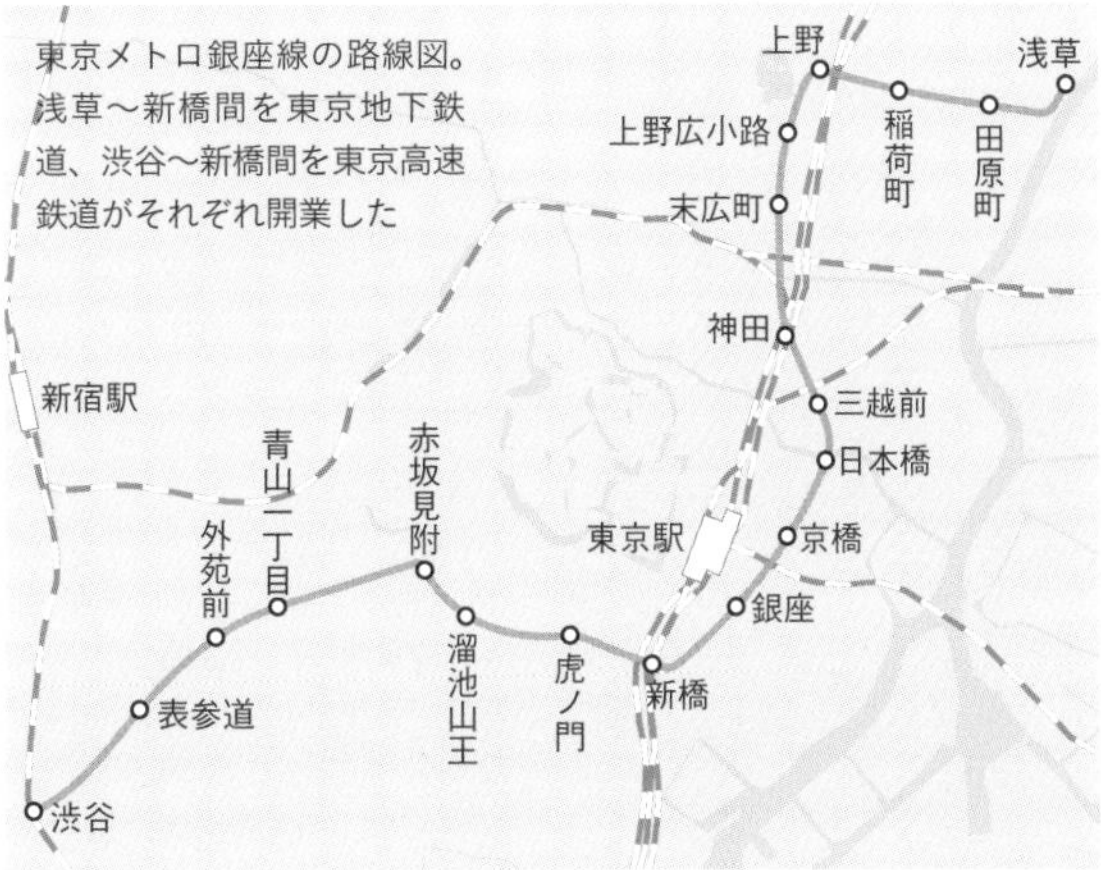

東京メトロ銀座線の路線図。浅草～新橋間を東京地下鉄道、渋谷～新橋間を東京高速鉄道がそれぞれ開業した

information

所在地：【上野検車区】東京都台東区東上野4丁目25-2　【上野検車区】各線「上野駅」から徒歩約5分。車庫の見学は行っていないので注意

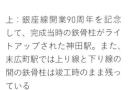

36 どこか日本的な雰囲気をまとう
世界一高いタワー

東京スカイツリー

【平成24年】

大都市東京の新しいランドマークである東京スカイツリーは、平成24年（2012年）に開業した。スカイツリーと言えば電波塔ではあるが、それだけでなく、高さを生かして雷の観測や雲粒の観測、ひいては相対性理論に基づく時間の歪みの計測にも使われている。

スカイツリーは建設用地の関係から、東京タワーのように4本の足（基礎）を構築することができなかったため、3つの柱（鼎《かなえ》トラス）によって支えられている。これだけ大きな構造物になると、地震などの横からの力がかかった際には、地面に押し込む力だけではなく、地面から引き抜かれる方向の力にも対応しなければならない。そのために基礎の杭は地盤との摩擦抵抗が高い形状に変更され、まるで木の根のように張り巡らされている。

地上は「心柱《しんばしら》」と呼ばれる筒状になった鉄筋コンクリートの構造物を中央部に配置している。心柱は地震が発生した際に、塔全体の揺れを抑える働きをして、巨大構造物の安全性を高めているのだ。世界最古の木造建築である法隆寺の五重塔の技術を応用したものだというのは有名な話だろう。平面的に見ると底部では正三角形だったのが、徐々に高さを増すごとに円形へと変化していく。見る場所によって、反っているようにも膨らんでいるようにも見えるのはそのためだ。心柱のあり方も然り、日本的な手法がデザインにも用いられているところも、スカイツリーの魅力である。

螺旋状に展開する天望回廊（第2展望台）では、風景がダイナミックに見えるように窓ガラスが斜めに設置されている。ガラスは外側から足場を組んで交換できないことから、内側から交換できるようにサイズや重さをはじめ、色々な工夫が凝らしてある。この高さの構造物だからこそ配慮されている、様々な要素を探してみるのも、スカイツリーの一つの楽しみ方なのではないだろうか。

［高柳］

構造材には高強度の鋼管が使われ、鋼管同士を直接溶接し接合することで、見た目も美しくさびにくいものとなっている

information

所在地：東京都墨田区押上1丁目1-2　東武スカイツリーライン「とうきょうスカイツリー駅」または半蔵門線「押上（スカイツリー前）駅」からすぐ。吾妻橋［94頁］からは徒歩約13分

4本の柱と水平材・ブレース材からなる組柱が三角形の各頂点に配置された鼎トラスが主要な架構として、高さ約634mもある塔を支えている

37

都電唯一の生き残り

都電荒川線

【明治44年】

飛鳥山停留場。明治44年に開通した当初はここ飛鳥山（開通当初は飛鳥山上）～大塚停留所（現・大塚駅前停留所）までの2.3kmの区間だった。大正2年に三ノ輪（現・箕輪橋停留所）まで開通。その後も区間を広げていった

三ノ輪橋から早稲田へ向かう電車は、王子から併用軌道でしばらく明治通りを走り、飛鳥山（上写真）から専用軌道となって住宅街の中を通り抜け、大塚付近で山手線をくぐる（下写真）。東は三ノ輪橋、北は王子駅前、西は早稲田までの範囲を30の駅でつなぐ

「さくらトラム」の愛称で知られる都電荒川線は、三ノ輪橋停留場〜早稲田停留場間の延長12・2キロメートルを結ぶ路面電車であり、最後に残った都電の路線としても知られている。この路線は、王子電気軌道という私鉄が明治44年（1911年）に最初の路線を開業させたことに始まる。昭和17年（1942年）に東京市に買収され、東京市電の王子線となった。東京市電は翌年の都政施行で東京都電となり、最盛期には延長213キロメートルの路線網を都内に張り巡らせたが、自動車交通が発達すると渋滞の元凶として邪魔者扱いされるようになり、地下鉄の普及とともに昭和40年代末にはほとんどの路線が姿を消してしまった。

東京市内の路面電車は私鉄によって発達した。東京電気鉄道、東京市街鉄道、東京電車鉄道の3社が鼎立していたが、明治39年に合併して東京鉄道となったのち、明治44年に東京市に買収されて同電気局となり、さらに昭和18年の都政施行とともに東京都交通局となった。このため東京市中——おおむね山手線内と墨東あたりまでは市電（都電）が経営し、その周縁の郊外に私鉄の路面電車が敷設された。

郊外に敷設された路面電車としては、城東電気軌道、王子電気軌道、西武鉄道西武軌道線、玉川電気鉄道があり、東京市域の周縁に広がる郡部を結ぶための交通機関として機能した。このうち、王子電気軌道を継承した都電荒川線は、競合する交通機関もなく、ほとんどが専用軌道で、路面電車に適した輸送需要であったことなどから、都電唯一の路線としてしぶとく生き残り、今もマイペースで三ノ輪橋と早稲田の間を往復している。

都電荒川線の沿線には、近代下水道の発祥地として国指定重要文化財となっている旧三河島汚水処分場［次頁］をはじめ、荒川遊園地、飛鳥山公園、巣鴨地蔵通り商店街、鬼子母神など、散歩好きには気になるスポットも数多い。

［小野田］

information

所在地：東京都荒川区南千住・荒川・東尾久・西尾久／北区上中里・堀船・上栄町・王子・滝野川・西ヶ原／豊島区西巣鴨・北大塚・南大塚・東池袋・南池袋・雑司ヶ谷・高田／新宿区西早稲田

導水渠。ここから各ポンプへと送られていく。緩やかにカーブする床には陶板が敷かれ、汚水の流れをよくする、天井はモルタル仕上げ

38 東京の人気スポットになった最先端の下水道施設

旧三河島汚水処分場【大正11年】

隅田川中流に位置する旧三河島汚水処分場は、日本で最初につくられた下水処理施設である。都内の地下ネットワークから集められた下水に含まれる有機物を、バクテリアなどの微生物によって分解して、水を浄化し、敷地脇の隅田川に放流する。いわば細菌レベルの生態系を人工的につくりだし、菌の力で健全な都市機能を維持していたわけで、人体でいえば腎臓のような存在である。

竣工は大正11年（1922年）。原口要をブレインとして、明治20年前後から本格化した東京市区改正事業において、下水道は上水道と共に当初から計画されていたものの、財政上の理由で整備が後回しにされていた。それが、この処分場の竣工をもって東京の近代衛生施設が一通りそろったわけで、都市史的にも重要な施設である。現在は、下水の前処理を行い地上に送るための一連の施設が当時の姿のまま残されている。敷地を上から見ると、施設の規模と管渠《かんきょ》［※］の深度に合わせて、土地が

※ 水路の総称（水道の上水管や下水管など）

煉瓦が特徴的なポンプ室（喞筒室）（奥）と濾格《ろかく》室上屋（手前）。明治期に欧米48都市を視察調査し、その報告書をもとに地盤の低い現在の土地が選ばれた。ポンプ場施設は敷地内でも窪んだ場所にある

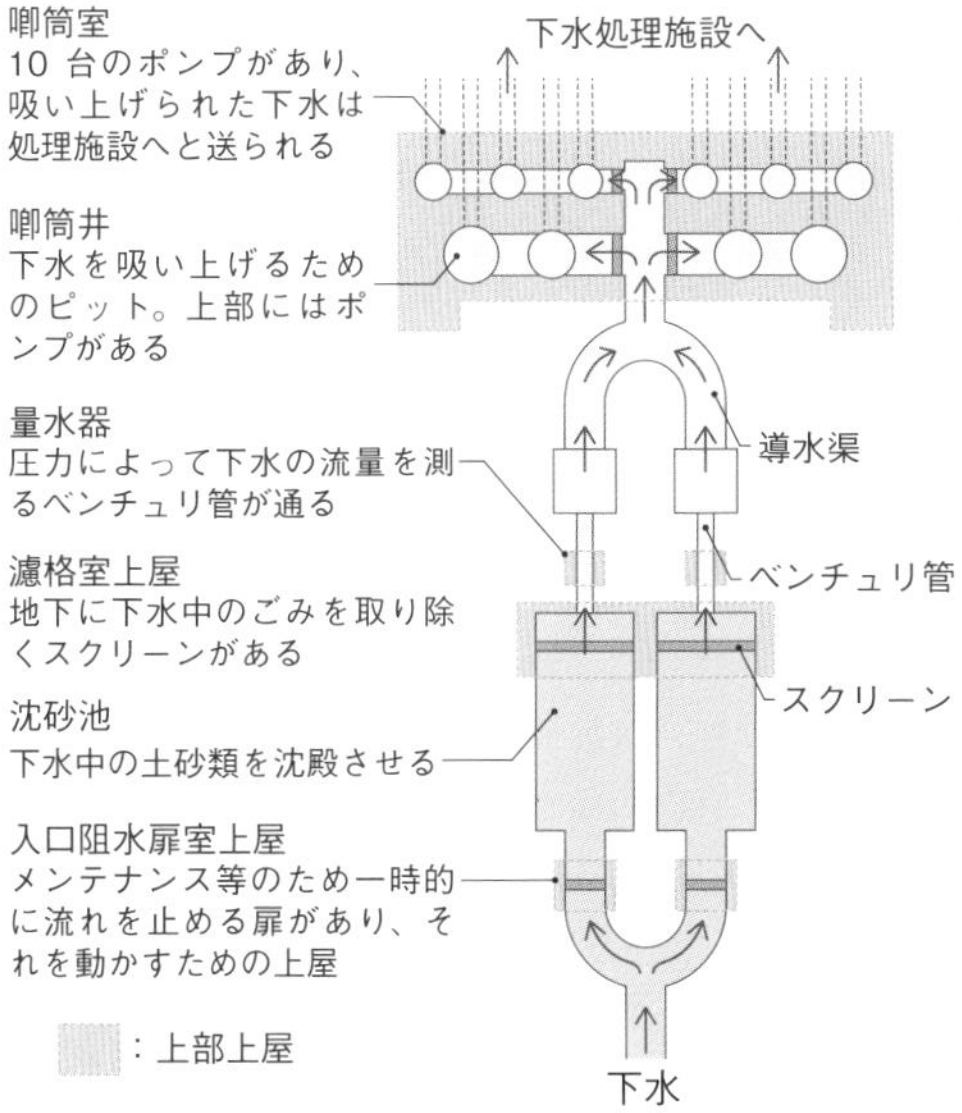
下水処理施設へ
喞筒室
10 台のポンプがあり、吸い上げられた下水は処理施設へと送られる
喞筒井
下水を吸い上げるためのピット。上部にはポンプがある
量水器
圧力によって下水の流量を測るベンチュリ管が通る
導水渠
濾格室上屋
地下に下水中のごみを取り除くスクリーンがある
ベンチュリ管
スクリーン
沈砂池
下水中の土砂類を沈殿させる
入口阻水扉室上屋
メンテナンス等のため一時的に流れを止める扉があり、それを動かすための上屋
：上部上屋
下水

ポンプ（喞筒）場施設は地下に流入してきた下水を、ごみを取り除きながら、地上にある下水処理施設へ送り込むための施設。流入してきた下水はメンテナンスなどを考慮して2系統に分けられてゴミなどを除去。再び1系統に合流しポンプで汲み上げ、下水処理施設へと送られていた

正方形に掘削、造成されているのがわかる。

担当技術者の米元晋一は、日本橋［70頁］の設計も行った著名な技術者である。彼は、かつて日本橋で試そうとして、上司の許可が得られず断念した鉄筋コンクリート造を、ここで全面的に採用している。そのため、竣工翌年に発生した関東大地震でも被害は軽微で済んだ。「覆輪《ふくりん》目地」と呼ばれる半円形に膨らんだ目地が使用された煉瓦《れんが》の外観が特徴的な巨大なポンプ室（喞筒室）も、実は中に入って見れば鉄筋コンクリート造であることがわかる。

竣工から80年近く経った平成11年（1999年）にポンプ場施設は稼働を停止した。その後は歴史的な遺構として残され、煉瓦のポンプ室も、ポンプ室周辺の施設も見学できるようになっている。かつて下水が通っていた巨大な鉄扉やアーチ形の導水渠の中は、下水になったつもりで入ることができる。

この日本初の近代的な下水処理施設は、昭和初期の東京の人気スポットだ

鉄扉を上下に開閉して使用するポンプによってルートを変更していた。手前の鉄扉は汚れや錆を除去して保存処置がとれたが、奥の鉄扉は下水処理施設として長年に渡り使われていた歴史を尊重して、汚れたままの状態を残している

左：2系統に分かれていた下水が導水渠で再び1系統に。下水の気持ちになれる施設のハイライトといえよう

右：下水が喞筒井（ポンプせい）と呼ばれる穴に流れ込み、ポンプの管が吸い込む。吸い込みやすいように突起がつくられている

ったらしい。「三河島汚水処分場として、帝都参観の人士の必ずや一度の訪問を受ける施設は、……東洋第一のものであ（る）。」とは、今和次郎《こんわじろう》の言葉である。現在では当時の人々が体験することができなかった、管渠の中に入って、その精妙なつくりを間近に見ることで、別の感動さえ味わうことができる。また文化財的観点からすれば、ポンプ室内部の大空間の迫力を損なわないよう、内壁に沿ってコンパクトに設置された鉄骨の耐震補強もぜひご覧いただきたい。

なお、近年の下水道事業では、下水汚泥からリンを効率的に回収する技術の開発や、下水の持つ熱エネルギーの更なる活用も検討されている。汚から浄への直線的流れの合理化をひたすら追求した近代の発想から、汚泥の資源化、つまり循環型システム構築へと関心が広がりつつあるのである。近代化の過程で希薄になった自然と人間の相互関係の再構築に、現代技術でアプローチしようとしている。［北河］

information

所在地：東京都荒川区荒川8-25-1　東京メトロ・京成線「町屋駅」から徒歩約13分、東京さくらトラム（都電荒川線）「荒川二丁目」から徒歩約3 分。見学は予約制。火・金曜日、年末年始は休館。予約の方法などは東京都下水道局のホームページを参照

上：ポンプ室（喞筒室）は変形したプラットトラスで屋根を支える大空間。100年も前につくられたこの施設は、歴史的価値があることが認められ、平成19年に下水道分野の遺構としてははじめて国の重要文化財に指定された
右：大正から平成までの長い期間、大中小10のポンプが都民の生活を支えていた

39

明治から連綿と続く
東京貨物輸送の要《かなめ》の地

JR貨物 隅田川駅【明治29年】

日本の鉄道駅は、旅客と貨物の両方を同じ駅で扱う客貨両用駅を基本として発達したが、輸送量の増大とともに、旅客専用駅と貨物専用駅を分離するようになった。最初に独立したのは貨物専用駅で、日本鉄道［※］では上野駅を救済するための貨物専用駅として明治23年（1890年）に秋葉原駅を新設し、明治29年（1896年）には現在の南千住駅付近に隅田川駅を新設した。

このうち、秋葉原駅は雑貨が主体であったが、隅田川駅は石炭、木材、砂利などの荒荷を中心としたのが特徴で、特に常磐炭田から運ばれてくる石炭の集積地として機能した。秋葉原駅も隅田川駅も、河川舟運との連絡を重視し、秋葉原駅は神田川、隅田川駅は隅田川から運河を引き込んで船溜まり（ドック）を設けた。明治30年から34年にかけて、水陸連絡設備として第一ドック、第二ドック、第三ドックが完成。明治41年から大正2年（1913年）にかけてはドックの拡幅工事が実施されたほ

か、クレーンなどの荷役機械の整備も順次行なわれた。これらのドックは、トラックなどの陸上交通輸送が発達するまで都心への貨物輸送を担っていた。

石炭や鋼材などの荒荷を主体とした隅田川駅は、トラック輸送の発達と石炭・木材の取扱量が減少したことから、昭和43年（1968年）には遊休化した船溜まりを埋め立て、コンテナ輸送に対応した貨物駅に大改良された。その際、構内のレイアウトの変更や、出入口となる陸羽街道との平面交差の立体化などが実施された。

隅田川駅は、現在も貨物駅として原位置で使用され続けているが、改良工事によって建設時の土木構造物や荷役設備は現存せず、敷地の輪郭と隅田川を背にして扇状に広がる構内のレイアウトに面影を留めるのみである。隅田川に面していた入津口には汐入水門があったが、平成18年（2006年）に瑞《ずい》光橋《こうばし》公園として整備され、公園内に「汐入水門跡」として躯体の一部が保存されている。［小野田］

隅田川貨物駅では、都心では見かけなくなった貨車の入換作業を眺めることができる

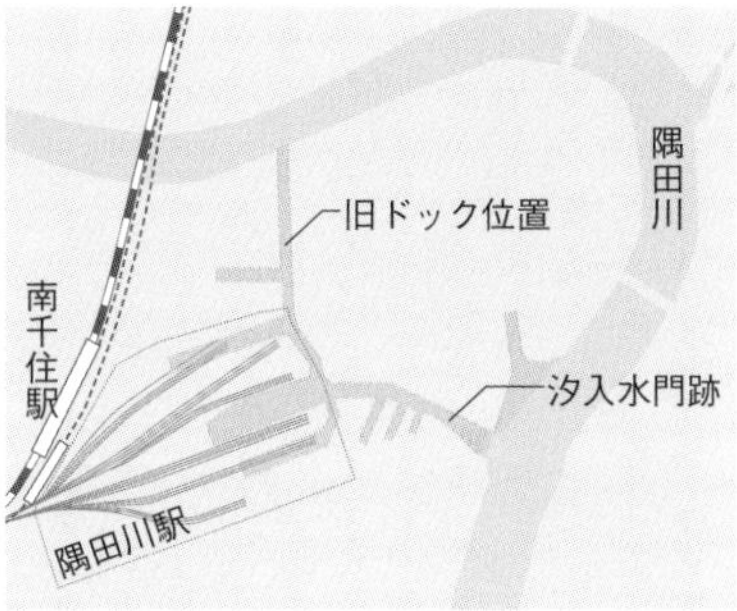

かつては黒塗りの貨車が主流であったが、貨物輸送体系の変化によってコンテナ輸送が主役となった。構内には、カラフルなコンテナがおもちゃ箱のように並んでいる

information

所在地：東京都荒川区南千住4丁目
JR・東京メトロ「南千住駅」から徒歩約2分。瑞光橋公園までは「南千住駅」から徒歩約15分

※ 日本初の民営の鉄道会社。現在の東北本線や山手線、常磐線などのJR東日本の多くの路線を運営していた。明治14年設立され、明治39年に国有化された

葛西橋

世界で唯一のゲルバー式吊り補剛桁橋《けたばし》としてつくられた葛西橋。主に橋桁で支えながら、サブとして吊り材で支えている

40 幅500mの雄大な放水路に渡る地盤に左右された橋梁群

葛西橋・荒川中川橋梁・清砂大橋

【昭和38年・昭和44年・平成16年】

悠々と流れる荒川を見ていると、太古の昔からこの地を潤す大河だったであろうことに何の疑いも抱かない。ところが、年配の方が「荒川放水路」と呼ぶのを聞くと、改めてこの大河が人工的につくられたことを思い出す。葛飾区や江戸川区を流れる荒川は、明治41年（１９０８年）から昭和5年（１９３０年）に開削された人工河川だ。昭和39年までは「荒川放水路」が正式名称、河川法上の荒川は隅田川だった。５００メートルの川幅があるこの川の水量が、昭和5年以前は隅田川を流れていたことを想像すると、隅田川が毎年のように洪水に襲われていたことも容易に理解できる。

東京の河川は小名木川など墨東地区の河川は無論のこと、日本橋川や神田川など大半が人工河川。江戸時代当初に始まり、荒川放水路、戦後に下町が水没したカサリン台風の被害を経て開削された新中川、さらに近年の地下河川まで、約４００年に渡り連綿と洪水対策が練られてきた。まさしく「東京は一日にして成らず」である。昭和の初めに忽然と登場した荒川により、洪水のリスクは大幅に低減したものの、地域分断という新たな課題が生じた。荒川開削に伴い工事を施工した内務省が架けた橋は木橋ばかり、これに対し道路や橋を所管する東京府は、大正14年（１９２６年）の新荒川大橋を皮切りに、鉄橋への架け替えを開始した。しかし戦況の悪化から昭和16年の小松川橋の架設を最後に建設は中断。戦後も昭和25年になり、中断していた四ツ木橋の工事がようやく再開。これ以降昭和30年代に荒川への架橋が本格化した。

　この荒川沿いは、太古に利根川が流れていたことが災いし、地盤が軟弱で

たいへん悪い。支持層と呼ばれる固い地層は地下50メートルの深度。橋台や橋脚を支えるためには、この深さまで杭を打たなければならないが、当時はまだ技術が確立されておらず、様々な工法が試験的に試みられた。一方、橋桁は「ゲルバー構造」という方法が多用された。これは、将来橋台や橋脚が沈下しても、補修しやすいようにとの配慮からであった。

　昭和30年代に荒川に架けられた橋で、最も特徴があるのが昭和38年（1963

主塔の高さは橋桁上から約14m、主塔間は約160mある葛西橋

清砂大橋・荒川中川橋梁

清砂大橋（手前）と荒川中川橋梁（奥）。清砂大橋の主塔は、右岸側（写真左）は高さ55m、左岸側（写真右）は高さ44mと、異なる高さになっている

年）に開通した葛西橋である。一見隅田川の清洲橋［90頁］を思わせるが、構造は清洲橋のような吊り橋ではない。橋桁の中央部を見ると、橋桁は連続しておらず、橋桁をつないだゲルバー構造なのがわかる。橋脚から左右に張り出し、橋桁を主塔から張り渡した吊材で吊って補剛した「ゲルバー式吊り補剛桁橋《けたばし》」という構造。この構造は世界でここにしかないという逸品である。主塔の間隔（支間長）は160メートルで、建設当時の東京最長を誇った。

設計者は東京都橋梁建設課長だった鈴木俊男。「この地盤が悪い箇所に適した長大橋の構造はなにか」「将来地盤沈下しても簡易な補修で安全性を確保できる構造とは」鈴木は四六時中、熟慮に熟慮を重ねた。そして、この世界唯一の構造を思いついたのは入浴中。曇った窓ガラスに指で橋の絵を描いている時にひらめいたという。開通から約60年経っているが、構造の斬新さ、フォルムの美しさはいまだに色あせない。

下流側には、地下鉄東西線の荒川中

荒川のダイナミックな橋

荒川の最下流にあるのが清砂大橋と荒川中川橋梁。荒川と荒川中洲を挟んで平行する中川に渡って架けられたダイナミックさが見どころ

上：荒川と中川の間にある荒川中洲。荒川（放水路）は、旧中川を分断するような形で開削された。分断された中川の流れをスムーズに荒川に合流させるために、導流堤（中洲）が築かれた
下：清砂大橋・荒川中川橋梁の下流側にある荒川中洲南端。ここで荒川と中川が合流し、東京湾へと流れていく

information

所在地：【葛西橋】東京都江東区東砂6丁目9・10／江戸川区西葛西1丁目1・2丁目5　【清砂大橋・荒川中川橋梁】東京都江東区新砂3丁目6／江戸川区清新町1丁目5　東京メトロ「西葛西駅」からそれぞれ徒歩約13～15分。葛西橋と清砂大橋は600m強の距離

川橋梁と斜張橋《しゃちょうきょう》の清砂大橋を臨める。昭和44年（1969年）に開通した荒川中川橋梁の構造は「ゲルバートラス橋」。橋脚の間隔（支間長）は150メートル。これは、鉄道のゲルバートラス橋としては国内最長である。

平成16年（2004年）に開通した清砂大橋は、鋼鉄製の「斜張橋」。斜張橋部分の長さは547メートルで、斜張橋としては東京で最長である。東西線の鉄橋との離隔はわずか45メートル、このため河川の防災上、できるだけ橋脚の設置数を抑えるため、斜張橋が選ばれた。「これぞ斜張橋」と叫びたくなるほど、直線的でシャープなフォルムが美しい。江戸川区側の堤防上には首都高速中央環状線が通る。この橋桁とケーブルの離隔をとるために、江戸川区側の主塔の高さは江東区側に比べ低く抑えられた。2本の主塔の高さが異なる斜張橋はちょっと珍しい。

荒川河口付近は、ダイナミックな橋の数々が見られる。橋マニアにとって必見のエリアである。［紅林］

41 3つの川の結節点で洪水から東京を守る巨大水門

上平井水門【昭和45年】

長大な荒川中洲を介して荒川と並行して流れる中川に昭和45年（1970年）に築かれた上《かみ》平井《ひらい》水門。建設されたのは中川の高潮対策のためだ。

まず目を引くのは、門扉の大きさ、特に横幅（径間）の長さであろう。実際、旧岩淵水門［124頁］が9メートル、荒川ロックゲート［100頁］が14メートルであるのに対して、上平井水門の門扉の幅は倍以上の30メートル。しかもそれが4門連なっている。普通だと高潮や津波からの圧力で無残に変形してしまう規模であろう。しかし、もちろんそうならないよう門扉に付けた立体的なトラスで水圧を受け止める構造となっている。しかも、トラスを横に寝かしているのでわかりにくいが「フィーレンデール形式」と呼ばれる特殊な形式を採用している。トラスを格子状に組み、接点をすべて剛接合にしたもので、名称は発案したベルギー人技術者に由来する。さらにここでは、鋼材にパイプを使用している。

上平井水門があるのは中川と綾瀬川が合流する地点で、荒川と中川が東京湾まで荒川中洲を挟んで平行していく起点の位置。周辺の海抜ゼロメートル地帯への水害防止を目的に建設された

フィーレンデール形式の構造物は、関東大震災後の帝都復興事業で日本橋川の最下流に架けられた豊海橋［97頁］が有名で、斜材のない垂直と水平からなる構成美に惹かれたのか、建築家・山口文象《ぶんぞう》も黒部川第2発電所（富山県黒部市）の目黒橋で採用している。多くの人が目にしている例としては、JR浜松町駅のプラットホームから見える茶色い跨線《こせん》橋がある。とはいえ、全国的に見ればいずれも希少な存在である。

普段4つの門扉は上げられているので、この構造をしかと確認することができる。ただそれは、高潮・津波に抗う、その瞬間のために、スタンバイしている姿でもある。

［北河］

高潮の際は1つの門に1,700 t の水圧がかかる計算になる。巨大な水圧を受け止めるために採用されたのがフィーレンデール構造（編集部撮影）

information

所在地：東京都葛飾区西新小岩3丁目　京成押上線「四ツ木駅」から徒歩約14分、JR「新小岩駅」から徒歩約20分。かつしかハープ橋［次頁］とは隣接している

42 日本の橋梁デザインの道を切り開いたインテリアデザイナーの最高傑作

かつしかハープ橋【昭和61年】

優れた橋は彫刻に似ている。橋があることで風景が豊かに、そして贅沢になる。かつしかハープ橋は、まさしくそんな橋だ。天空にS字を描くのは堤防上を走る道路線形のゆえ、主塔の高さが異なるのは吊る橋桁の長さが違うという構造上の理由から。贅肉のない研ぎ澄まされた構造美がある。

この橋が架けられたのは昭和61年（1986年）。すでに35年を経過したが、古さを微塵も感じさせない。この橋の設計は、構造設計を行う土木エンジニアに、大野美代子という景観デザイナーが加わって行われた。ケーブルを細くし本数を増やすことでハープに似せ、S字の曲線をより強調させた。まさしく天空にハープを奏でるようなデザインだ。これらのディティールは、大野によってつくられた。

昭和52年、板橋区蓮根に蓮根歩道橋が建設された。歩道橋は渡るだけの機能があればいい。それに誰も疑問を抱かなかった時代。当時、大野は駆け出

高い方の主塔の高さは68m、低い方の主塔は高さ32m、親子のように佇むかつしかハープ橋。手前にあるのは上平井水門

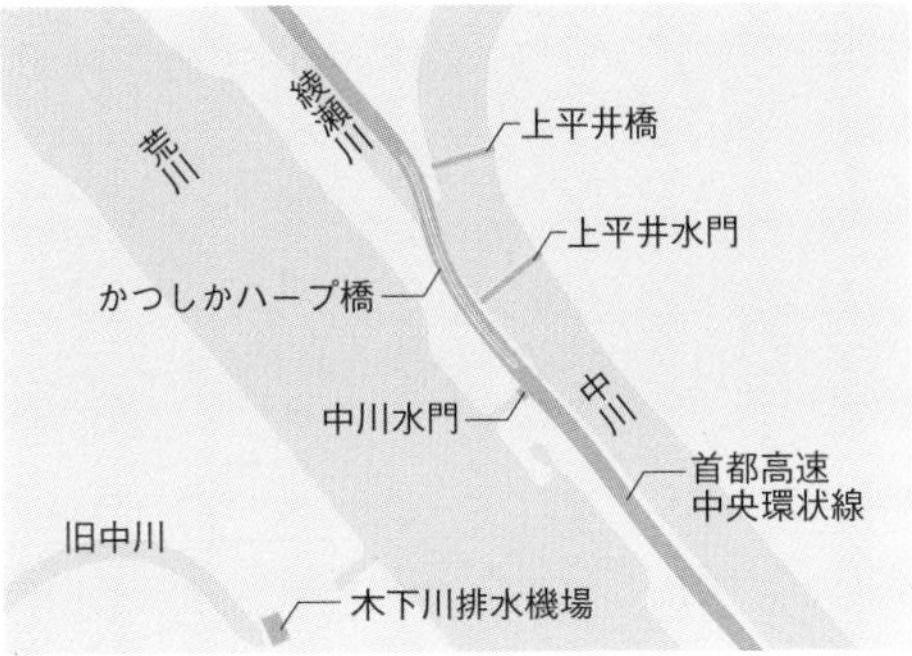

S字を描くことで、荒川と中川の中捉から、綾瀬川左岸側にスムーズに同路線形を変えることができる

information

所在地：東京都葛飾区東四つ木1丁目／西新小岩3丁目　京成押上線「四ツ木駅」から徒歩約14分、JR「新小岩駅」から徒歩約20分。上平井水門［120頁］とは隣接している

しのインテリアデザイナーという畑違いの肩書で、この歩道橋の設計に参加した。歩道橋は上空から見ると、三角形の各辺を内側に凹ませたようなユニークな形をしているが、斬新なのは形だけではなかった。橋上で人が心地よく佇めるよう、タイル舗装を敷いてベンチを設置。それらは、いずれも初めての試みだった。「人と橋の距離を縮めることが大切」というインテリアデザイナーゆえのコンセプトだった。この歩道橋が評判を呼び、大野はこの国で初めての景観デザイナーという道を切り開き、その道を歩むことになった。

　大野が全国にデザインした橋は65橋。横浜ベイブリッジ、富士川橋、小田原ブルーウェイブリッジ、別府明礬《みょうばん》橋……など全国各地の名橋がきら星のごとく並ぶ。中でも、かつしかハープ橋は最高傑作だと思う。S字ゆえ橋は見る角度、時間によって表情を変える。私は荒川と綾瀬川の中堤防、橋の真下から仰ぎ見る迫力あるハープ橋が好きである。

［紅林］

上：昭和22年のカスリーン台風や昭和33年の狩野川台風からも東京の下町を水害から守った旧岩淵水門。横に門扉をスライドさせる水の流入を調整する当初の仕組みは、2枚の門扉を1枚につなぎあわせ、上げ下げする形式に改められている　下：昭和57年に旧岩淵水門からその役割を引き継いだ現在の岩淵水門。機械室は丸窓を付けた昭和のロボット風のデザイン

43 新旧がそろう「東京の川」の分岐点

旧岩淵水門・岩淵水門

【大正13年・昭和57年】

東京に未曾有の水害をもたらした明治40年（1907年）と43年の洪水直後、内務省は隅田川の氾濫を二度と繰り返さぬよう、市街地を迂回する人工河川・荒川放水路（現荒川）の建設に着手する。この工事の一環として、隅田川と荒川放水路の分岐点に設置されたのが岩淵水門である。大正13年（1924年）の竣工［※］。

工事を担当したのは、東京帝国大学卒業後に7年間パナマ運河の現場を経験した青山士《あきら》。彼はこの水門に門扉を横方向にスライドさせる形式を採用し、高さを抑えた安定感あるデザインにまとめた。堰柱《せきちゅう》（水門の柱部分）の高さは約12メートルで、約半分が水面下にあるわけだが、その下の基礎構造が同時期に施工された大河津分水の自在堰では長さ5～7メートルの松杭だったのに対し、ここでは長さ16～18メートルの巨大な井筒を埋め込んでいる。その洗練された外観の陰にひそむ巨大な地下構造物を想像することで、安定感も一層増すといえよう。

ただ青山の回想によると、彼自身は工期短縮と工費節約のため、松杭に床板を載せる工法を考えていたという。しかし当時の内務省技監で、淀川放水路を担当した沖野忠雄が反対し、自らが毛馬閘門《けまこうもん》で用いた井筒基礎に変更するよう主張。青山は抵抗したが、沖野の後継者である原田貞介が井筒と床板を組み合わせる折衷案を提案し、それを青山は毛馬閘門のように煉瓦《れんが》とコンクリートではなく鉄筋コンクリートで、しかも約3倍の規模で実現させる。

この頑強さゆえか、昭和中期の大型台風にも耐え、隅田川と荒川周辺を水害から守った。しかし、高度成長期の過剰な地下水採取により、都の東部で深刻な地盤沈下が生じると、その影響は岩淵水門にも及び、昭和57年（1982年）ついに新たな水門が建設される。この新水門は、頂部に機械室を載せた高さ約30メートルの堰柱4本からなるが、実はここでも地下深く40メートルまで巨大なケーソン基礎が埋め込まれている。そして大正期の水門も撤去を免れることで、新旧の水門が立ち並ぶ全国的にも貴重な土木景観が生み出されたのだった。［北河］

現在の岩淵水門は、旧岩淵水門から下流に約300mの位置につくられた。右岸側（東京側）にある荒川岩淵関緑地から新旧の水門が並んでいる姿を写真に収められる

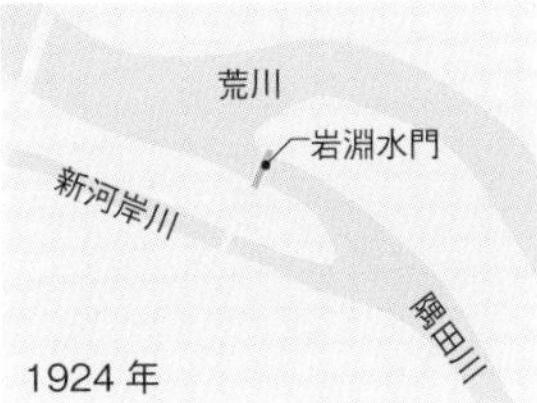

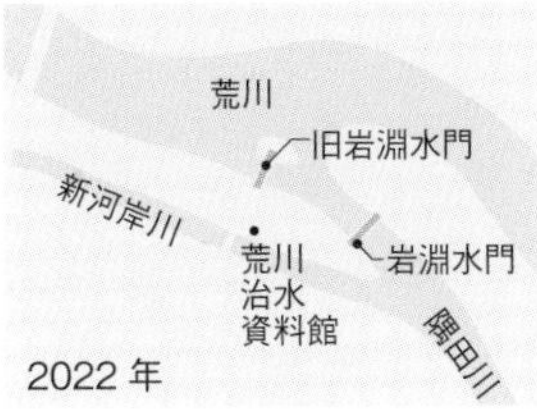

information

所在地：東京都北区志茂5丁目
JR「赤羽駅」から徒歩約20分、東京メトロ「赤羽岩淵駅」または「志茂駅」から徒歩約15分。近くには荒川知水資料館 があり、荒川の歴史や治水の仕組みなどを知ることができる（入館無料、祝日を除く月曜日・月曜日が祝日の場合翌平日・年末年始などは休み）

※ 全国的に見れば、淀川放水路工事で新旧淀川を分流する毛馬洗堰・閘門（大阪府大阪市）が明治43年に完成したのに続き、信濃川の大河津分水の自在堰・洗堰・閘門工事（新潟県燕市、大正11年完成）とほぼ同時並行で進められた、時代を代表する河川構造物である

旧江戸川の上流から下流を望む。写真左の水門、船の通航などのために設けられた右の閘門からなる江戸川水閘門。閘門は長さ100m、幅16mの閘室（ゲート間の区画）があり、幅8m、長さ50mの船まで通航できる

44 現存する最古の現役閘門

江戸川水閘門【昭和18年】

江戸前期、利根川の河口を東京湾から房総半島付け根の銚子に付け替えた際、江戸に通じる新たな物流ネットワークの一部として整えられたのが江戸川であった。この川のおかげで、江戸には米や野菜、さらには野田の醤油や流山のみりんといった様々な物資が輸送され、人々の暮らしと経済が支えられた。

一方この川は、本来利根川がもたらしていた水害リスクも受け継いだ。特に荒川放水路建設のきっかけとなった明治43年（1910年）8月の洪水は、利根川水系の沿岸にも甚大な被害を与え、「江戸川改修工事」が翌年着手されることになる。こうして、江戸川下流の行徳からショートカットして東京湾に注ぐ江戸川放水路が大正5年（1916年）から9年にかけて建設された。しかしこの時点では、新旧江戸川の分岐点に岩淵水門［126頁］のような水門施設はつくられなかった。

大正末期、国の技術者の間で「河水統制」の思想が芽生えることで状況が

変わる。日本の河川行政は、明治29年の河川法制定後もっぱら治水に力を注いできたが、経済が発展すると水の需要が高まり、利水と治水の一体的なコントロールにシフトしていく。江戸川は、この河水統制の最初期の適用例で、その中核施設の一つが昭和11年（1936年）から整備が始まり昭和18年（1943年）に竣工した江戸川水閘《すいこう》門《もん》であった。目的は、農業・工業・水道用水の取水と海水遡上の防止で、恩恵を受ける東京市が全額負担して、内務省の計画・設計により建設された。

施設は、川の水量を調節する水門と舟運のための閘門からなり、いずれも門扉をローラーで引上げる形式が採られた。水門の方は、深さ20mまで井筒基礎を埋め込み、下流側に105mにわたってブロックを敷いて洗掘《せんくつ》に備えるという念の入れようである。一方閘門は、東京都内で現存最古の現役閘門である。

近接する江戸川放水路にも、当初の固定堰を改修して昭和32年に竣工した行徳可動堰が現存する。もともと、円筒形の門扉がくるくる廻りながら上下するローリングゲートが採用されていたが、平成の大改修で当初のコンクリート躯体を残したまま、ローラーによる引上げ形式に改変された。本体を残しつつ、耐震化を含む機能更新を行った大規模水門のインフラメンテナンスとしては、先駆的な事例と言える。

［北河］

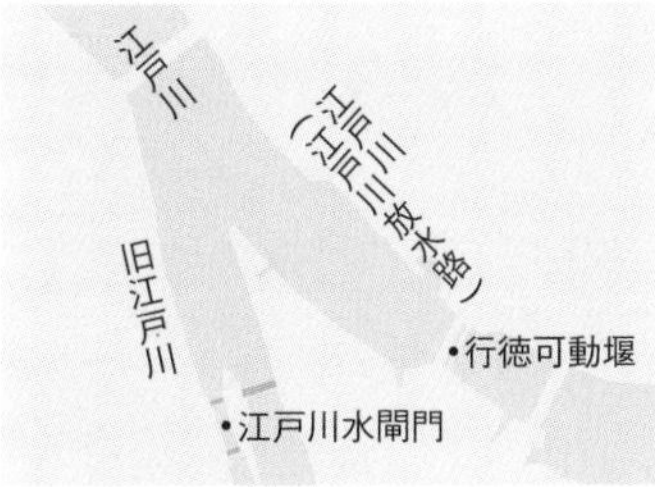

information

所在地：東京都江戸川区東篠崎町1・3丁目／千葉県市川市河原　都営新宿線「篠崎駅」から徒歩約20分、東京メトロ「妙典駅」から徒歩約22分。左岸と右岸は水門と一体となった歩道があり行き来できる。すぐ近くには江戸川水閘門と連携して江戸川水域を管理する行徳可動堰もある

江戸川の水害に立ち向かうかのように建つ江戸川水門。幅約10m、高さ約5mのゲートが5門ある引き上げ式の水門。地元の地名をとって「篠崎水門」と呼ばれることもある

隅田川は夜見ても美しい
ライトアップされた橋【下流編】

隅田川の橋の美しさを、昼だけではなく、夜も堪能してもらいたい！とライトアップのプロジェクトは始まった。デザインは世界的照明デザイナーの石井幹子氏。漆喰の世界に橋の構造美が浮かび上がる。「隅田川の散歩は昼と夜、どちらがおすすめ？」と聞かれたら、私は躊躇なく「夜」と答える。［紅林］

清洲橋　漆喰に浮かび上がる吊材チェーンの柔らかな曲線。優美さが一層際立つ

佃大橋　桁下から川面を照らし、それが反射して桁下を照らす。間接照明が柔らかく橋を包む

永代橋　リベット好きなら、断然夜の永代橋がおすすめ。リベットが織りなす陰影が楽しめる

築地大橋　アーチを照らす光は、現代彫刻のような大胆なフォルムを浮かび上がらせる

勝鬨橋　４つの塔屋内に灯る明かりからは、あたかも人がいるような温かさが伝わる

写真提供　熊谷健太郎

VI章 新宿・渋谷エリア

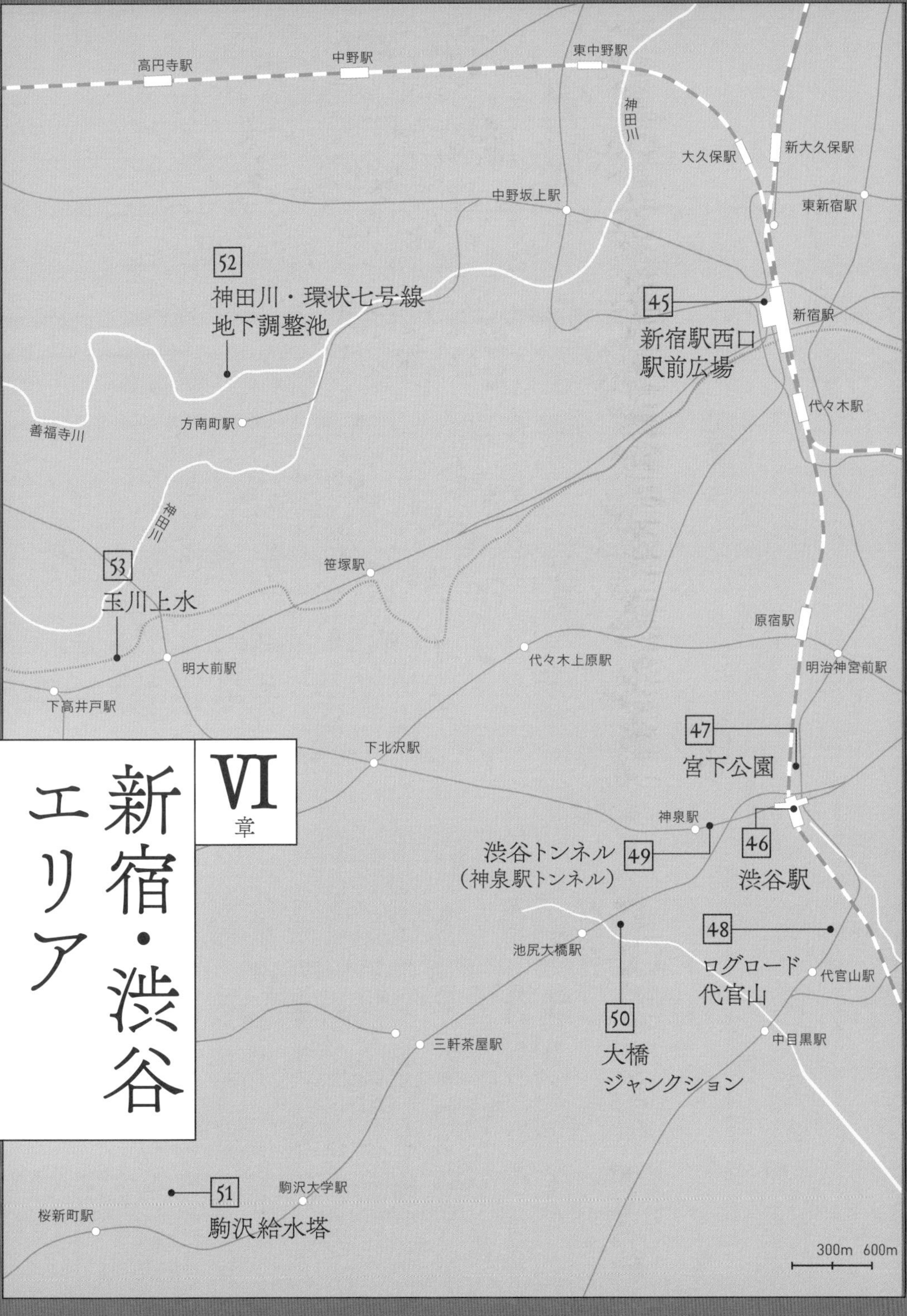

高円寺駅
中野駅
東中野駅
神田川
大久保駅
新大久保駅
中野坂上駅
東新宿駅
52
神田川・環状七号線
地下調整池
45
新宿駅
新宿駅西口
駅前広場
代々木駅
善福寺川
方南町駅
神田川
53
玉川上水
笹塚駅
原宿駅
明大前駅
代々木上原駅
明治神宮前駅
下高井戸駅
47
宮下公園
下北沢駅
神泉駅
46
渋谷トンネル
49
（神泉駅トンネル）
渋谷駅
48
池尻大橋駅
ログロード
代官山
代官山駅
50
三軒茶屋駅
中目黒駅
大橋
ジャンクション
51
駒沢大学駅
桜新町駅
駒沢給水塔
300m 600m

巨大な穴と2つの螺旋スロープが特徴的な広場。坂倉準三は、国際文化会館（東京）や神奈川県立近代美術館（神奈川）などを設計した戦後日本を代表する建築家。同時期に高速道路料金上の設計にも携わっていて、自動車社会に相応しいデザインを提示した建築家でもあった

45　世界に類を見ない斬新な駅前広場

新宿駅西口駅前広場【昭和42年】

昭和31年（1956年）、首都圏の再構築を目指した首都圏整備法が制定されると、その2年後に新宿、渋谷、池袋を副都心として再開発する方針が打ち出される。その最大の目玉が、新宿駅西口の淀橋浄水場の移転とその広大な跡地を利用した都市整備であった。近代の巨大インフラ跡地の再開発としては、東京で最初期かつ最大級の事業である。

計画の要となる西口駅前には、専売公社の跡地にすでに大規模な広場が整備されていたという。しかし、この旧来の駅前広場では、超高層ビルが建ち並ぶ副都心の規模と機能に対応できない。そこで、地上と地下で2層に分けた広場が新たに計画される（最終的には地下2階の駐車場も含めて3層に）。当初、建設省は広場に蓋をして、地下と地上を完全に分離するよう指示したというが、計画を担当した東京都首都整備局長の山田正男は、世界に類を見ない斬新で機能的な広場を求めて、地上と地下を分離せず、自動車用斜路（ランプ）で一体化する構想を立ち上げる。

デザインは山田の信頼も厚かった建築家・坂倉準三。彼は直径約60メートルの大開口部に噴水池、ランプ、照明を巧みに配した明快で解放感ある広場を設計する（ちなみに坂倉は広場に面する小田急百貨店の設計も担当）。また、当初懸念された地下の排ガス問題に対しては、広場周辺の階段から取り入れた空気を、中央の開口部から自然に排出することで解決が図られた。こうして、人と車の分離を図った動線など、戦後盛

んに研究された都市工学の要素をふんだんに散りばめた新たな都市空間が昭和42年（1967年）に完成する。
　この副都心建設には、アメリカの摩天楼と自動車社会への憧れがにじみ出ている。当時同じ思いを抱いていたフランスでもパリ新都心ラ・デファンスが建設され、それは日本にも影響を与えたが、この西口駅前広場は日本独自の空間かと思う。渋谷に続き、新宿であるが、大規模再開発が予定されている新宿であるが、この独自空間はぜひ残してもらいたいものである。
［北河］

地面から突き出た換気塔。煉瓦が貼られていたが現在は見事に蔦で覆われている

information

所在地：東京都新宿区西新宿1丁目　各線「新宿駅」からすぐ。現在、新宿駅西口では再開発が行われ、上写真にある小田急百貨店は取り壊されて新たなビルが建設される予定

46 のどかな風景から立体的に拡張する巨大ターミナルに

渋谷駅【明治18年】

渋谷は、その名の通り谷地形の谷底の部分に渋谷駅が位置し、渋谷駅付近を起点として放射状に宮益坂、道玄坂などの坂が伸びている。このため、渋谷駅に接続する東急電鉄東横線と京王電鉄井の頭線は、どちらも開業時から渋谷駅の手前に短いトンネルを設けた。また、東京メトロ銀座線にいたっては「地下鉄」とは名ばかりで、渋谷を跨ぐ高架橋の上に駅がある。渋谷駅は、他の交通機関を含めて谷地形を利用して立体的に発達したのが特徴である。

東京にはいくつかのターミナル駅が存在するが、平面的に広がっている例がほとんどで、谷地形を利用して垂直方向にも駅を拡大した点に渋谷駅の特徴がある。しかし、東京でも屈指の巨大ターミナルに成長した渋谷駅も、明治18年（1885年）に開業した頃は、渋谷川のせせらぎに水車小屋が建つのどかな風景が広がり、渋谷駅自体も現在のJR渋谷駅新南口付近に存在した。渋谷がターミナルへ成長するきっか

南口から望む。中央のビルは渋谷スクランブルスクエア（令和元年竣工）、左のビルは渋谷ストリーム（平成30年竣工）。まだまだ再開発が続く渋谷駅。高層ビルが建設が続く

けをつくったのが、明治40年に渋谷～玉川（現在の二子玉川）間を結ぶ玉川電気鉄道という鉄道会社であった。玉川電気鉄道は「玉電」の愛称で親しまれ、渋谷に接続した最初の郊外電車となった。郊外電車ではあったが、玉電はいわゆる路面電車として発足し、旅客輸送とともに多摩川の砂利を都心へ運ぶための重要な路線として機能し、会社設立時の商号も「玉川砂利電気鉄道」と称していた。

　砂利は、コンクリート構造物が普及しはじめた大正時代から需要が急増し、終点の渋谷駅には砂利の集積場が設けられた。その後、大正9年（1920年）に山手線の渋谷駅は大山街道に沿った現在の場所に移転し、昭和2年（1927年）には東京横浜電鉄、昭和8年に帝都電鉄、昭和13年に東京高速鉄道が渋谷駅に接続したほか、昭和9年には東横百貨店が開店し、周辺にはたちまち繁華街が形成された。

　また、バスやタクシーなどの自動車交通も接続するようになり、渋谷駅は交通の結節点として急速に発展したため、昭和11年には都市計画東京地方委員会によって駅前広場の整備計画が告示され、玉電の砂利置場を整備して駅前広場を設けることとした。戦前の駅前広場計画は実現することなく終わったが、その思想は戦後に継承されて実現した。

［小野田］

南真中央を縦方向に貫く東京メトロ銀座線の渋谷駅は、「地下鉄」とは名ばかりで、最も高い位置に駅が存在し、再開発によって令和2年（2020年）にやや東側へ移動した

information

所在地：東京都渋谷区渋谷・道玄坂

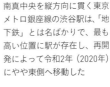

47 生まれ変わった東京初の空中公園

宮下公園【令和2年】

令和2年（2020年）7月に、新しい宮下公園がオープンした。JR山手線の渋谷～原宿駅間に長年渋谷のシンボルとして君臨してきた従前の宮下公園は、高度経済成長期のモータリゼーション［※］の影響を受けて、下層に駐車場を設けた空中公園であった。リニューアルオープンした宮下公園は、「立体都市公園制度」という新たな制度を活用しており、公園と商業施設、ホテルが一体となっ

美竹通りをまたぐ部分は、橋や階段が立体的な迷路のように入り組む独特な雰囲気。

た施設となっている。宮下公園は常に時代の要請を受けた制度を活用したリニューアルを繰り返していると言うこともできる。

　立体都市公園制度とは、都市公園と他の施設とを一体的に整備して、立体的な公園とすることによって土地の有効活用を図るものだ。民間施設と連動するなどの公園の可能性を引き出すもので、まさに渋谷という重要な場所に位置する宮下公園は、この制度に適していた。

　渋谷駅からそのまま誘われるように階段を上っていくと、地上約17メートルの高さに屋上公園がある。多くのベンチが配置されており、休日にもなると多くの若者が集う場所になっている。この場所からは山手線が走っている姿も望むことができる。建築もあえて渋谷の多様性を受け入れて、公園に集まる人やユニークなテナントの様子、緑が印象に残るように、土木的な構造物にも見えるシンプルなデザインになっている。特に道路（美竹通り）をまたぐ部分は建築というよりも立体的な橋といったほうが適切に思えるほど。商業施設と屋上公園との立体回廊をめぐるのも、おもしろい体験であり、そこから今の渋谷を感じることができるだろう。

　建物の脇にある街路の下には渋谷川が流れており、この部分は暗渠になっている。渋谷川はキャットストリート方面から流れてきて、この場所を通り過ぎると渋谷駅構内を通り抜け、渋谷ストリームから開渠となりさらに南下していく。渋谷の「谷」を暗渠の上から感じ取るという楽しみ方もできる。地形マニアにはまたともないスポットでもある。

［高柳］

渋谷ストリートの象徴的な存在だった宮下公園。JR山手線と明治通り（一部は渋谷川の暗渠）に挟まれた幅35m、長さ330mにも及ぶ

information

所在地：東京都渋谷区神宮前6-20-10　各線「渋谷駅」から徒歩約3分、または東京メトロ「明治神宮前駅」から徒歩約8分

地上17mの高さの空中庭園。渋谷側の端部は公園まで一気に上がることができる階段、原宿側の端部はホテルが配置されている。土木と建築のハイブリットとも言える

※ 自動車が広く普及し、利用することが社会的に一般化した状態。車社会と概ね同義

48 線路の跡地が華麗に転身

ログロード代官山【平成27年】

緑豊かなランドスケープが展開し、木製のベンチやテラスが置かれており、その場所を通り抜けるだけでも大変気持ちのよい空間が広がっている

世界有数の鉄道都市・東京。近年は複数の路線を直通化し、より利便性を向上させるとともに、高架下空間活用や線路の地下化に伴う跡地の開発が活発に行われている。

東急線東横線の渋谷駅から代官山駅の地上線路から地下線路への移設工事は、STRUM工法という独特なもので、平成25年（2013年）3月15日深夜から翌未明にかけて一気に行われたことで当時話題となった。

ログロード代官山は、この地下化によって生まれた線路跡地に建つ商業施設。代官山の街が持つ建物のスケールを生かして5棟の商業施設が配置され、それに沿って線路のように細長い散歩道が整備されている。

このプロジェクトは線路によって分断されていた街同士をつなげる役割を果たし、これまでの街のつながり方を変化させた点も特筆すべき特徴だ。地形差や土木構造物と商業施設群との間も植栽や廃材の枕木などで巧みにデザインされ、土木構造物の威圧感を感じることなく、柔らかく地域をつなげている。

渋谷～代官山駅間は、渋谷ストリーム周辺をはじめ、線路跡地に当時の東横線の面影が感じられるデザインが残されている。ぜひ線路跡地を散歩しながら、当時の様子を思い浮かべるとともに、現代のデザインを体験してみてはいかがだろうか。街歩き後のログロード代官山で飲むビールは最高ですよ。

［高柳］

ログロード代官山よりもさらに渋谷よりの線路跡地の遊歩道。線路を模したような舗装にはかつて線路を支えていた橋脚の一部が残されている

information

所在地：東京都渋谷区代官山町13-1　東急東横線「代官山駅」より徒歩約3分。渋谷側へは各線「渋谷駅」から徒歩約10分

入口は小さいながらも、奥へと長く続くトンネルが見られるのは神泉駅すぐの出入り口のみ。トンネルをすれすれで走っていく電車は少しひやりとする

49 東京の台地を巧みにくぐり抜ける

渋谷トンネル（神泉駅トンネル）

【昭和8年】

京王電鉄井の頭線の渋谷トンネルは、渋谷駅と神泉駅の間に位置するトンネルで、道玄坂の下をくぐって神泉駅のすぐ東側に坑口（入口）がある。

京王電鉄井の頭線の前身は、もともと帝都電鉄という名前の私鉄で、この時代がかった名称の鉄道会社は、小田急電鉄帝都線となったのち、東急電鉄井の頭線を経て京王帝都電鉄井の頭線として受け継がれた。京王帝都電鉄は平成10年（1998年）に社名を京王電鉄に改称したため「帝都」の名は削られてしまった。時代に翻弄された帝都電鉄だったが、さらにさかのぼると「山手急行電鉄」と称する私鉄にたどり着く。山手急行電鉄は計画のみで実現しなかった幻の鉄道で、大井町を起点に雪ヶ谷、駒沢、中野、江古田、板橋、田端、北千住、砂町を経由して洲崎へと至る第二の山手線ともいうべき幻の大環状鉄道構想で、その一部区間が紆余曲折を経て帝都電鉄として実現した。

そんな中、渋谷トンネルは、昭和8年（1933年）に延長348メートルの「単線並列トンネル」として完成した。上部に人家があることから、坑口付近のみを地上から地盤を掘削してトンネルをつくってから土を埋め戻す「開削工法」とし、中間部は山岳地のトンネルで一般的に用いられる「山岳工法」で横穴式に掘削された。このため、複線断面のトンネルではなく単線断面のトンネルを並列させ、大きな断面のトンネルを掘削することによる地表面への影響を最小限に抑えた。トンネルと駅に挟まれた渋谷1号踏切からは、人家が密集した東京の台地を巧みにくぐり抜けた渋谷トンネルの姿を間近に眺めることができる。［小野田］

information

所在地：東京都渋谷区円山町17（神泉駅すぐの出入口）　京王井の頭線「神泉駅」からすぐ。駅のホームからも見られる

外から見るとコロッセオのような円形の建物。外壁は常緑のツル性植物であるオオイタビによる壁面緑化が行われている。生長がゆっくりな植物のため、世代を経てより風格のある緑に包まれた建物になっていくだろう

50 大蛇のように鎮守する首都高ビル

大橋ジャンクション

【平成22年】

大橋ジャンクションは、高架を走る首都高3号線と地下深くのトンネルを走る首都高中央環状線を巨大なループを描きながらつなぐ土木構造物だ。1周約400メートルのループを4層にわたって重層する構造になっている。地上約35メートルと地下約36メートルをつなぐので高低差は70メートル以上。この高低差をつなぐために、特徴的なループ状となった。一般的なジャンクションに比べると1／4程度の面積におさまっているという。

道路部分の楕円ループの構造物の内側は、換気施設が整備されているとともに一部分はフットサルなどができる広場として開放されている。また、道路部分の屋上はループ状の構造を生かした屋上庭園がある。ループ状の構造を生かしながら周辺の都心の風景をみることができるのはもちろん、四季折々で楽しめるようなランドスケープデザインがされており、土木学会デザイン賞やグッドデザイン賞など、多くの賞

上：上空から見るとループになっているのがわかる。このループを巧みに利用して公園や広場などに活用している（提供：首都高速道路株式会社）
下右：ループを描く首都高速の内側は空洞。巨大な曲線の壁に囲まれたとエリアは「オーパス夢広場」と呼ばれるサッカーコート場もある広場などに使われている
下左：ループの上は「目黒天空庭園」と呼ばれる公園。勾配のある立体的な公園で、「四季の庭」や「くつろぎの広場」など様々なエリアから構成されている

information

所在地：東京都目黒区大橋1丁目9-2　東急田園都市線「池尻大橋駅」から徒歩約3分

を受賞している。実際に屋上庭園（目黒天空庭園）を歩いてみると、首都高の真上や真横にいることを忘れてしまう。緑に囲まれるなか、風に吹かれながら、都心や郊外の様子を眺めることができる心地良い空間になっている。

この巨大な構造物をつくるにあたっては、まちが分断されることを防ぐため、「まち・みち再開発一体型プロジェクト」として、再開発事業と連携して進められた。ジャンクションや屋上庭園とつながる2棟の高層タワーには目黒区の公共施設が入るなど、単なる「交通施設」を超えた「住民の憩いの場」になるようにした工夫が随所で見られる。

内部では大都市東京の交通の要所となるとともに、その外側では人々の居場所になる、新しいインフラの形を提示しているのが大橋ジャンクションと言える。もちろん屋上庭園からはところどころで首都高の大迫力の様子を垣間見ることができる。まさに土木好きにも、そうではない人にも飽きない場所である。

［高柳］

51 日本最古の公共給水塔

駒沢給水塔【大正13年】

駒沢給水塔は、現在は東京都の施設だが、もともとは東京市外の郡部に位置した渋谷町（現渋谷区）が、都市化の波におされて独自に整備した水道施設である。多摩川に面する砧村（現世田谷区）に設けた取水所から、ポンプアップで送られた水を一旦中継して、町まで配水する役割を担ってきた。竣工は大正13年（1924年）で、公共水道の給水塔としてはわが国最古で、鉄筋コンクリートを用いた塔状構造物としても最初期のものと言える。

その特徴の一つが外観である。昭和4年（1929年）につくられた野方給水塔（東京都中野区江古田）と比較するとわかりやすいが、インフラ施設としては表情が豊かで、見どころが多い。まず円筒形のタンクの全周の付柱を古典建築のオーダー風にかたどり、その頂上に紫色のガラス玉をつけて、まるで王冠をかぶせたような外観を呈している。渋谷町敷地内のポンプ室、量水器室、渋谷町水道布設記念碑も、給水塔と呼応する丁寧なデザインが施されている。

この施設の設計者としてよく紹介されるのが中島鋭治《えいじ》である。確かに履歴を見ると、東京帝国大学を退官した大正10年に渋谷町水道顧問を務め、その竣工を見届けて大正14年に死去している。ただ、当時水道界の重鎮だった中島は、駒沢給水塔の工事期間に秋田市、福島市、東京市、甲府市、長岡市、八幡製鉄所の水道顧問も務めていて、62〜66歳という年齢を考慮しても、指導的役割を果たすことはできただろうが、具体的な設計にどこまで関与できたかは疑問である。実際、資料を紐解くと基本計画は西大條覚《にしおおえださとる》、実施計画が仲田《なかた》聰治郎《そうじろう》、構造設計が岩崎富久《いわさきとみひさ》で、設計は仲田が総括していたことがわかる。

また注目したいのは、日本で最初期の鉄筋コンクリート造の塔状構造物でありながら、内部に充填した水が振動してもびくともしない耐震性が確保されていること。構造設計を担当した岩崎によると、底部を固定、上端を自由の片持ち梁の構造モデルを基本に、水深ごとに応力を計算し、片持ち梁も2次元でなく円形効果を考慮するという今でも通じそうな計算方法が採られている。

また基礎には、径36センチで円の中心付近と外側で長さを使い分けた計474本の鉄筋コンクリート杭を、隙間のないほど密に打ち込んでいる。少し前につくられた大規模建築の東京駅(径21センチ)と丸ビル(径30センチ)でも長大な杭が使われたが、いずれも松杭だったことを考えれば、大きな進歩であった。ちなみに岩崎は、昭和17年以降、かつて中島が礎を築いた東京帝国大学衛生工学の教授(第二工学部)を務めることになる。

[北河]

東急田園都市線・世田谷線「三軒茶屋駅」からすぐのキャロットタワーなどから眺めることができる。竣工当時はこの2つの塔が代々木からも望見できたという

information

所在地：東京都世田谷区弦巻2丁目41-5　東急田園都市線「桜新町駅」から徒歩約7分。セキュリティ上の理由から現在公開はされていないが敷地の周りなどから、レトロな姿を垣間見ることができる

52 地底トンネルが水害から東京を守る

神田川・環状七号線地下調節池

【平成9年】

地下約40mにひっそりと佇む巨大地底トンネル。このトンネルのおかげで、ゲリラ豪雨や台風による洪水から都心が守られている。映画「第三の男」でオーソン・ウェルズが逃げ込んだ下水道とはずいぶんと趣が異なり、SF映画さながらの空間

取水施設で取り込んだ雨水はこの連絡管渠を通って、地下調節池へと運ばれていく

18年にも及ぶ難工事で完成した巨大地下空間

調節池は神田川から善福寺川、妙正寺川までの全長4.5kmもある

近代日本では、洪水を氾濫させず海まで流しきるという考えに基づき、河川改修が積み重ねられてきた。しかし、自然が相手だと計算通りにはいかないもので、日本の川はその後も台風や豪雨によって甚大な被害を受けてきた。市街化が進むと、街中の排水が増水した川に流入できずにあふれ出す、という内水氾濫の問題も深刻化した。

一方江戸時代には、川の疎通能力を超える出水の折にはどこかで氾濫させて、霞堤《かすみてい》や水害防備林などの技術を組み合わせて致命的な水害を避けるというリスクマネジメントの発想があった。神田川、善福寺川、妙正寺川で流しきれない水を計画的にあふれさせて一時的に貯留する環状七号線地下調節池の考えもこれに近い。もともと低地で善福寺川からの溢水が頻繁にあった和田堀公園に、狩野川台風以降整備が進められ、平成5年（1993年）の完成後も改修が続いた調節池も同類と言えよう。

神田川は、江戸時代には神田上水と

呼ばれ、上水道に利用されたが、近代に入ると徐々に排水路と化す。そして氾濫も相次いだため、昭和4年から14年にかけて中野区寿橋から飯田橋駅付近までの区間で河川改修が行われた。その後、戦争を挟んで工事は停滞したが、昭和33年の狩野川台風で一万戸を超える住宅浸水が発生したことを受け、翌年から事業を再開。しかし整備が進んでも、集中豪雨による浸水被害はその後もたびたび発生し、根本的な解決には至らなかった。

そこで、昭和63年から平成19年（2007年）にかけて、第一期工事と第二期工事に分けて環状七号線地下調節池が建設される。機能上は「調節池」かもしれないが、構造的には環状七号線地下約40メートルの地点を貫く長さ4.5キロメートルのトンネルである。内径は12・5メートル、4階建てのマンションがすっぽり入る巨大な異空間である。工事は、東京湾アクアラインや首都高中央環状線の山手トンネルの掘削と同じく、日本が得意とする大口径シールドマシンが用いられた。

ちなみに、神田川から妙正寺川まで延びるこの地下トンネルは、現在妙正寺川からさらに北に向けて延伸中である。今後は環七から新目白通りで左折した後、石神井川を経由して、すでに完成済の白子川地下調節池と接続する予定である。

［北河］

シールドマシーンで掘削し、工場でつくられたセグメント（壁体を構成する鉄筋コンクリートのピース）をトンネル内で円形に組み立てていく。最後のピースは頂上付近にジグザグに配置され、いわゆるキーストーン（要石）の役割をしている

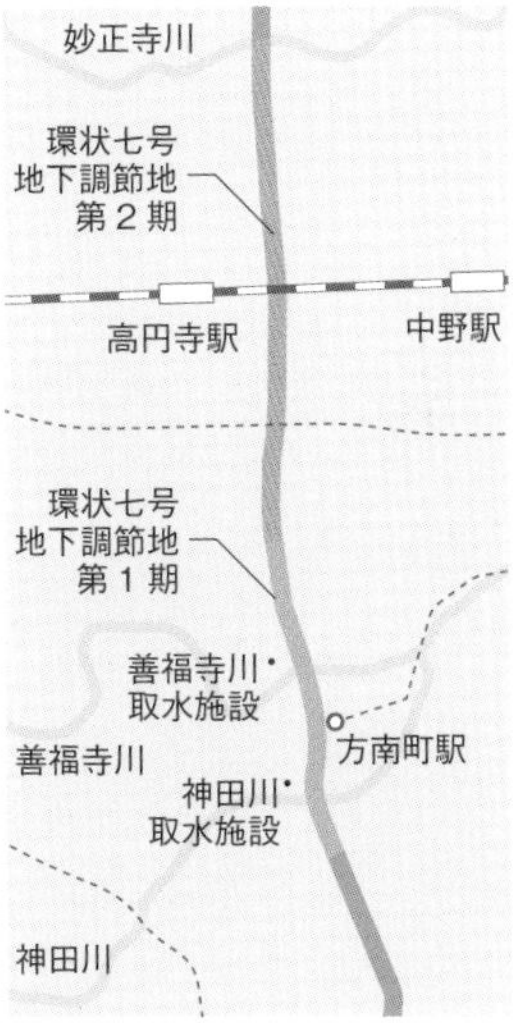

取水施設は善福寺川取水施設のほか神田川取水施設と妙正寺川取水施設がある。全長4.5km調整池の貯留量は54万m³にも及ぶ

information

所在地：【善福寺川取水施設】東京都杉並区堀ノ内２丁目1-1　東京メトロ「方南町駅」より徒歩約7分。不定期で内部の見学を開催している（東京都建設局ホームページを参照）

善福寺川取水施設では施設見学を開催。見学者も施設の管理者も連絡管渠（写真右）を通って調節池トンネルへ（写真左）と至る

善福寺川取水施設。川がある水位を超えた段階で取水施設より洪水の流入を行い、調節池へと流れていく。取水口には粗大物の流入を防ぐためのスクリーンが設けられている

53 地形を巧みに生かした江戸の上水
玉川上水
【承応2年】

玉川上水は、江戸に生活用水を供給するため、多摩川の羽村に取水口を設け、四谷に至る延長42・7キロメートル、高低差92メートルの水路として承応2年（1653年）に完成した。いわゆる玉川兄弟が工事を請け負い、完成後は農業用水としても利用される江戸期を代表する一大土木工事であった。

一般の河川は、支川の合流を繰り返しながら1本の川筋となって河口で海へと注ぐ。一方、上水や用水路は取水口が1箇所で、分水で枝分かれを繰り返しながら周囲に水を配ることになる。このため、一般の河川とは流れが逆になり、本川は高い場所を流れながら周囲の低い場所に分水することになり、流路も谷筋を浸食しながら流れるのではなく、周囲の地形よりも高い尾根筋を流れるのが特徴である。

玉川上水の流路をたどると、平坦な武蔵野台地を直線で流れ、三鷹を過ぎたあたりから尾根筋をたどって四谷へと流下していることがよくわかる。上

現在も残る玉川上水（武蔵小金井付近）。羽村取水堰から四ツ谷大木戸（新宿区）までのおよそ沿岸には自然の河川のように草木が生い茂るが、きれいな直線に整えられていることが人口の河川であることを物語る

水を管理するために、要所には水番所（のち水衛所）が設けられ、水番人が用水路の修繕、流量の調節などの管理業務にあたった。また、分水への分岐箇所には、分水堰と分水のための取水口が設けられた。

水衛所や分水堰の跡はあちこちに残っていて、武蔵野市と西東京市の市境にある境水衛所跡には東京の西北部を潤した千川上水への分水堰が残り、傍らには「玉川上水の碑」と書かれた記念碑が建っている。

玉川上水は、すでに上水道としての役割を終えているが、その長大な流路のうち杉並区の浅間橋から福生市の平和橋に至る延長約24キロメートルは玉川上水緑道として昭和56年（1981年）より整備されている。周囲の地形の変化を感じ、分水堰の痕跡などを訪ねることによって、完成後もそれぞれの時代、それぞれの人々によって管理され、今日まで受け継がれてきた玉川上水の歴史を理解することができる。

［小野田］

上：小金井の堺橋近くにある境水衛所跡。江戸時代には玉川上水に流れる水量の確認などを行う水番所が各所に置かれたが、明治27年に東京市が管理することになると水衛所と名前を変え、引き続き上水の管理が行われた。昭和55年に水衛所は廃止されたが、史跡として現在も境水衛所は残されている

下右：久我山と三鷹の堺にある旧牟礼《むれ》橋。大正後期につくられた煉瓦のアーチ橋で、人見街道が玉川上水を跨ぐ牟礼橋のとなりに残された。「どんとん橋」とも呼ばれる

下左：井の頭公園内にある牟礼分水取水口・分水堰跡。ここから牟礼村に水を供給していた

information

所在地：東京都羽村市・福生市・昭島市・立川市・小平市・小金井市・武蔵野市・西東京市・三鷹市・杉並区・世田谷区・渋谷区・新宿区

隅田川は夜見ても美しい

ライトアップされた橋【上流編】

ライティングは、和の色やぼかしによる陰影の表現を取り入れ、季節や祝日などによって色彩も変化する。2020東京オリンピックでは5色に、パラリンピックでは3色に彩られた。近くで美しさを愛でるのもよいが、全体を俯瞰したいなら、東京スカイツリーから見るのがおすすめ。

［紅林］

蔵前橋　桁の裏側から見上げ、黄金色の圧倒的な光のシャワーを浴びてほしい

吾妻橋《あづま》　浅草寺をイメージして塗られた橋の朱色が、鮮やかに浮かび上がる

白鬚橋《しらひげ》　細かい鉄材を編み上げるようにつくった戦前の橋の美しさ、繊細さが際立つ

厩橋《うまや》　脇役の支承を照らすことで、橋の構造がより一層アピールされる

駒形橋　バルコニーのある橋上に立つアールデコ調の橋灯も、この橋ならではの見どころ

写真提供　熊谷健太郎

VII章 多摩エリア

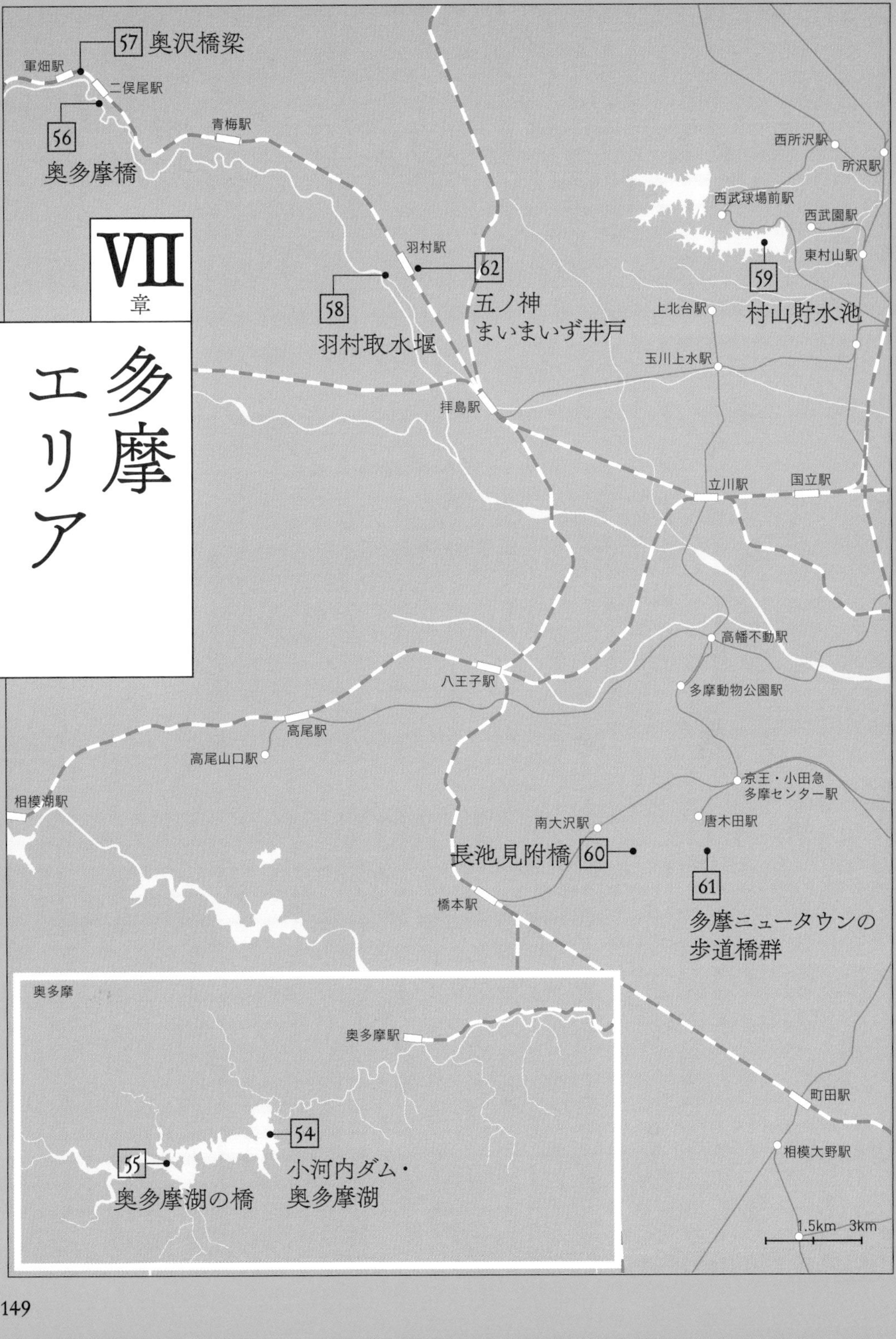

57 奥沢橋梁
軍畑駅
二俣尾駅
56
奥多摩橋
青梅駅
羽村駅
62
五ノ神
まいまいず井戸
58
羽村取水堰
拝島駅
西所沢駅
所沢駅
西武球場前駅
西武園駅
東村山駅
59
村山貯水池
上北台駅
玉川上水駅
立川駅
国立駅
高幡不動駅
八王子駅
多摩動物公園駅
高尾駅
高尾山口駅
相模湖駅
京王・小田急
多摩センター駅
唐木田駅
南大沢駅
長池見附橋 60
61
多摩ニュータウンの
歩道橋群
橋本駅
町田駅
相模大野駅
1.5km 3km
奥多摩
奥多摩駅
54
小河内ダム・
奥多摩湖
55
奥多摩湖の橋

54 広大な森林に佇む
東京の水道インフラの原点

小河内ダム・奥多摩湖【昭和32年】

玉川上水を改良して東京に近代水道が誕生したのは、明治44年（1911年）。東京市はわずかその2年後に第1次拡張工事に着手し（村山・山口貯水池の建設、164頁）、さらにその完成を待たずして昭和11年（1936年）から第2次拡張工事を実施する。予想を超える東京の人口増加が、逼迫した水需要を生み出していたのである。

当初第2次拡張工事では、多摩川だけに頼るのではなく、利根川や相模川も新たな水源に加えて渇水リスクを軽減する案が検討されていた。しかし、都外であることや水利権の問題から、結局多摩川の最上流部に巨大なダムを築くことで、水供給システムの強化が図られた。それが小河内《おごうち》ダムである。

神奈川の稲毛・川崎二ヶ領用水との水利権問題や太平洋戦争による中断を経て、ダムが完成したのは昭和32年（1957年）のこと。堤高149メートルの重力式ダムという100万トンに及ぶ巨大コンクリート構造物の建設

上：頂上広場より小河内ダムを望む。管理用としてつくられた2つの塔がシンメトリーに配置されている　下：ダムを見下ろす。貯えられた水はダム直下の多摩川第1発電所（写真左側の建物）で発電に使用されてから多摩川に放流される。その後小作取水堰と羽村取水堰［162頁］で水道の原水として取水される

奥多摩湖の正式名称は「小河内貯水池」、れっきとした人口の湖。「水ガメ」として東京の暮らしを支えている

にあたっては、戦前・戦後にめざましい発展を遂げたコンクリート技術の成果を取り入れながら7回に及ぶ設計変更が行われ、施工も地質調査や基礎岩盤の処理にアメリカ人技術者に助言を求めるなどして慎重に進められた。特にコンクリートは、経年による強度の変化を確認するために、あらかじめ製作したテストピースの強度試験を10年に1度、今も実施している。

堤頂の2本の塔は、もともと管理用のエレベーター塔とらせん階段塔としてつくられたもので、後者は平成15年（2003年）以降展望塔として活用されている。また堤頂の突き当りまで歩けば、モダニズム建築風のガラス張りの監査廊出入口上屋が健在である。

また、水質や河川流量・ダム容量などを確保するために、ダム湖周辺には水道水源林が広がっている。東京都（東京市）にしてみれば、明治34年以来、管理を続けてきたもので、その間、水源の涵養《かんよう》という当初の目的に、地球環境の保護という現代的な使命を重ね合わ

せ、官民一体となって約６０００ヘクタールの広大な森林を管理している。その散策路の渓谷美から、ダム湖の爽快な眺めを楽しむのもよいだろう。

　さて、華々しく登場した小河内ダムではあったが、実はこの巨大ダムをもってしても高度成長期の旺盛な水需要には対応できず、東京は１９６４年のオリンピック直前に「東京砂漠」とよばれる大渇水を経験することになる。こうして東京の主な水源は昭和43年の利根大堰の完成を経て、ついに利根川・荒川水系へと移行するのである。［北河］

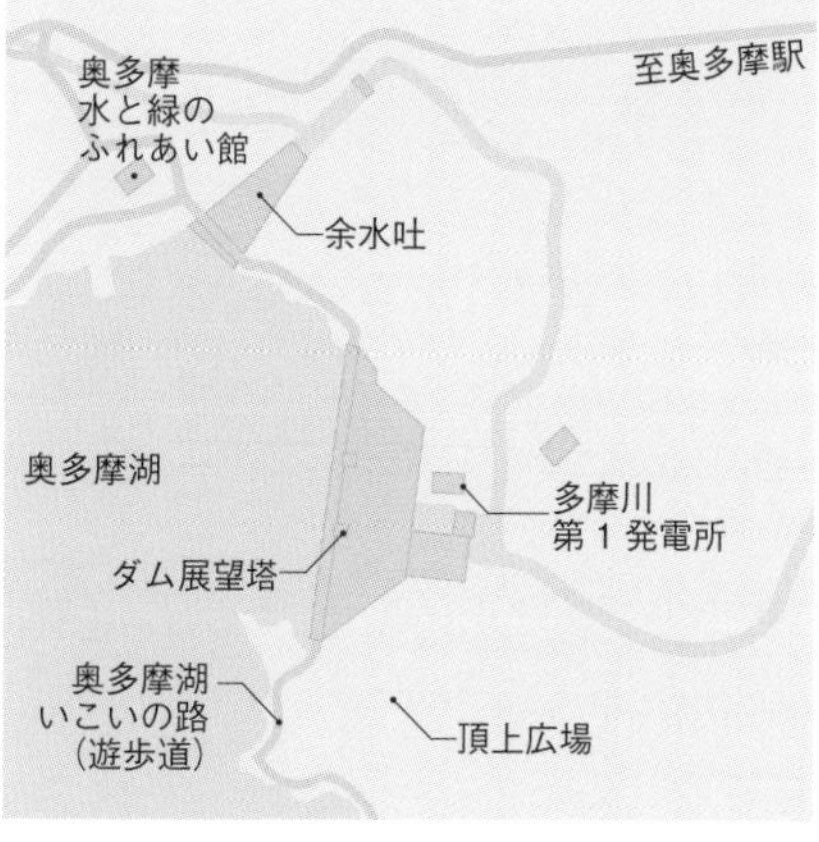

余水吐からの放流も大迫力

降雨や台風などで貯水量が一定を超えるとダムの脇にある余水《よすい》吐《ばき》から放流が行われる

上：放流時には、余水吐から流れていく様子を道路から見ることができる。　下：奥多摩湖の満水時の周長は45.37㎞、面積は4.25km²にも及び、有効貯水量は1.8億トンもある。水道専用の貯水池としては日本最大規模を誇り、完成時は世界最大でもあった

information

所在地：【小河内ダム】東京都西多摩郡奥多摩町原5　小河内ダムまではJR「奥多摩駅」から西東京バスに乗車し「奥多摩湖」で下車後すぐ。次頁の奥多摩湖の橋のうち、小河内ダムから最も近い峰谷橋まではバスで約10分

55 奥多摩の雄大な自然の中で再び歩み始めた日本の橋梁技術

奥多摩湖の橋【昭和30年代】

東京の西の端、奥多摩湖に隠れた橋の名所がある。奥多摩湖［150頁］が建設されたのは昭和32年（1957年）。この人造湖の建設に伴い、5つの道路橋と2つの人道橋が架橋された。5つの道路橋はすべて違う構造。違う構造の橋が架かるといえば、関東大震災の復興で架けられた隅田川の橋梁群［92頁］が頭に浮かぶが……。実は、奥多摩湖の橋梁群は震災復興から約30年を経て、震災復興に携わった技術者たちにより再び成し遂げられたプロジェクトだった。

奥多摩湖の橋梁群は、震災復興時に復興局橋梁課技師で後に日本大学教授を務めた成瀬勝武が基本計画を策定し、東京市橋梁課技師で後に早稲田大学講師を務めた本間左門が設計を、そして同じく東京市橋梁課技師で戦後水道局長に就いていた徳善義光がプロジェクト全体を統括した。大正末から昭和初めの震災復興時、彼らはいずれも20代の青年。しかし、その後は戦争により公共事業は大幅に縮小して活躍の場を

深山《みやま》橋【昭和32年】

「鋼鉄製のランガー橋」という構造。主に昭和30年代から建設されるようになった。深山橋の支間長90mは、建設時にランガー橋としては国内3位の長さ。また橋脚は、普段は水面下に隠れて見えないが、高さは約50mあり建設当時国内で最も高かった。そのため、材料のコンクリートを節約する目的に橋脚は空洞でつくられ、浮力を抑えるために橋脚の上下に一箇所ずつに穴を開け、空洞を水で満たす工夫がされている

峰谷橋【昭和32年】

アーチが鋼鉄製のトラス構造で造られた「中路式ブレストリブアーチ橋」。橋長125mで、同構造の橋としては建設時に国内最長だった。恐竜を彷彿させるような重厚なフォルムが特徴

得られぬまま30年が過ぎ、奥多摩湖の橋の建設時には、いずれも人生の晩年を迎えていた。そこに訪れたこのプロジェクト。彼らにとっては、青春を取り戻したような瞬間だったのではないだろうか。

　架けられた橋は、隅田川ほどの派手さはないものの、長い戦争を経て再び始動した日本の橋梁技術を先導するものだった。構造面で「日本初」や「日本最長」などの冠がついた橋が並び、また景観面でも山間の湖に彩をそえるように美しい橋が並んでいる。

［紅林］

麦山橋【昭和32年】

峰谷橋と同様の「中路式ブレストリブアーチ橋」の一種だが、横から見るとアーチが三日月型をしているため「三日月型アーチ橋」と呼ばれる。この橋が国内初の施工事例

坪沢橋【昭和32年】

20世紀初頭のスイスに、1人の天才土木エンジニアが出現した。ロベルト・マイヤール。「鉄筋コンクリートアーチ橋」と言えば曲線の美しさが売りだが、彼の設計したアーチ橋は、一転して鋭角でシャープなフォルムが特徴で、まるで現代彫刻を思わせた。現在でも彼の作品のファンは多く、ヨーロッパでは作品を見て歩くツアーが開催されるほど。坪沢橋は、マイヤールに心酔した成瀬が彼の設計したアルヴェ橋を模して計画した「鉄筋コンクリート3ヒンジアーチ橋」という構造。国内で唯一のマイヤール型アーチ橋である

鴨沢橋【昭和32年】

鋼鉄製の橋の組み立てに、戦前はリベットという鉄製の鋲を用いていたが、1960年前後から溶接が用いられるようになった。鴨沢橋はその先駆けとなった1橋。構造は鋼鉄製の中路式ソリッドリブアーチ橋。この橋を渡ると山梨県に入る

麦山浮橋・留浦浮橋【昭和32年】

奥多摩湖に行ったらぜひ渡ってほしい橋。奥多摩湖建設によって、行き来を制限された対岸の山作業を行うため架橋された人道橋。構造は、ポリエチレン製の浮きの上に板を渡したいわゆる「浮橋」。当初は浮きにドラム缶を用いていたため、「ドラム缶橋」とも呼ばれる。左写真の麦山（長さ約220m）と、上写真の鴨沢橋付近の留浦（長さ約210m）の２箇所に設けられている

奥多摩湖名物・渡って楽しい浮橋

橋は湖面の高さや風によって、上下左右とまるで生き物のように形を変える

information

所在地：東京都西多摩郡奥多摩町川野・留浦
JR「奥多摩駅」から西東京バスに乗車し、峰谷橋は「峰谷橋」、麦山浮橋は「小河内神社」、麦山橋は「麦山橋」、深山橋は「深山橋」、坪沢橋は「坪沢橋」、鴨沢橋は「小袖川」、留浦浮橋は「留浦」で下車後、徒歩1分。橋と橋は歩ける距離にあるが、トンネル内など歩道が狭いところがあるため注意。奥多摩駅―（バス約25分）―峰谷橋―（徒歩約3分）―麦山浮橋―（徒歩約9分）―麦山橋―（徒歩約14分 ）―深山橋―（徒歩約14分）―坪沢橋―（徒歩約5分）―留浦浮橋―（徒歩約6分）―鴨沢橋

56 国内最長を誇った雄大なアーチと魚の腹を彷彿とさせる小さなアーチ

奥多摩橋【昭和14年】

青梅市内に入ると多摩川は深い渓谷を刻むように流れる。橋の形も、中下流部に見られた桁橋《けたばし》から渓谷に虹を描くように架かるアーチ橋へと変わる。

この地には、多摩川の中下流域に橋が架かっていなかった江戸時代中期に、御岳《みたけ》万年橋や神代万年橋などの橋が架けられ、近代になっても明治40年（1907年）に鋼鉄製のアーチ橋の万年橋（建設当時日本最長）が架かるなど、意外にも江戸や東京市内に負けない橋の先進地域であった。現在の青梅市域に限っても、終戦時に6橋もの鋼鉄橋やコンクリート橋が架けられていた。しかし、これらの橋は幅員が狭かったことや、老朽化が進んだことなどが理由で架け替えが相次ぎ、当時の姿を伝えるのは、現在では昭和14年（1939年）に架けられた奥多摩橋のみとなった。

奥多摩橋の構造は、アーチがトラス構造でつくられた鋼鉄製の「ブレストリブアーチ橋」。アーチ橋の部分の長さは108メートルあり、戦前に架けら

上：奥多摩橋開通記念絵葉書（昭和14年）。右岸上流から撮影。全体が見通せると大変かっこよい
下：「魚腹トラス橋」と呼ばれる両端部に架かるトラス橋。構造力学の理にかなった、使用する鉄の量を極限に絞った形（著者撮影）

渓谷に虹を架けるようにかかる奥多摩橋。これぞアーチ橋の醍醐味である

information

所在地：東京都青梅市二俣尾3丁目／東京都青梅市柚木町1丁目　JR「二俣尾駅」から徒歩約8分、「二俣尾駅～軍畑駅」間には奥沢橋梁［次頁］がある

れた道路のアーチ橋では国内最長を誇った。橋のすぐ脇からは、繁茂する杉でアーチを視認できないが、右岸側（南側）の川に平行する道を下流側に下っていくと川原が開け、ここから雄大なアーチを眺めることができる。「渓谷にはやっぱりアーチ橋が似合う」というのを思わず実感できる景観である。

奥多摩橋にはもう一つ見どころがある。アーチ橋を挟んで、左岸側に1連、右岸側に2連、計3連のトラス橋が架けられている。下側に弧を描き、形が魚を横から見たようであることから「魚腹トラス橋」と呼ばれ、国内に3橋しかないという珍品。アーチ橋を上下逆にしたような、なんとも奇妙な形だが、橋に作用する力をそのまま橋の形に写した、構造力学的には、たいへん理にかなった形なのである。橋の製作や架設が複雑というデメリットがある一方、メリットは使用する鉄の量を節約できること。橋の開通は先の大戦中の昭和14年、戦争で鉄が不足し、その影響が橋の形にも及んだのである。［紅林］

県道193号の両側にトレッスルが出現する。トレッスルとは、鉄骨や木材を組んだ橋梁下部構造のことで、木造のトレッスルは西部劇にもしばしば登場する

57 希少な橋脚が懐かしさ漂う 奥沢橋梁【昭和4年】

青梅線の歴史は明治27年（1894年）、青梅鉄道により立川駅〜青梅駅が開業したことに始まる。開業時は軌間《きかん》（左右のレール間隔）が762ミリであったため、明治41年に軌間を1067ミリに改軌《かいき》［※1］。さらに大正12年（1923年）には電化を行って、昭和4年（1929年）には社名を青梅電気鉄道に改称した。同じ年には、二俣尾駅まで達していた路線をさらに延伸し、御嶽《みたけ》駅へと至ったが、この際に二俣尾〜軍畑《いくさばた》間に架設された橋梁が奥沢橋梁である。

奥沢橋梁は、7径間［※2］の「単線上路プレートガーダ」と呼ばれる形式で構成される橋梁で、第2〜4径間を支える第2橋脚と第4〜6径間を支える第3橋脚に「トレッスル」と呼ばれる橋脚を用いたのが特徴である。トレッスルは橋脚の形式の一種で、その上に架設される桁部分を含めて橋梁全体を「トレッスル橋」と称する場合もある。木材や鉄骨の梁部材で橋脚を組み立て、上には一般のプレートガーダやトラスといった上部構造を架ける。木製の場合は「ティンバートレッスル」と呼ばれ、アメリカの開拓鉄道をモデルとして明治13年に建設された幌内《ほろない》鉄道の入船陸橋で用いられたほか、森林鉄道や工事用のトロッコなど簡易な鉄道でも用いられたが、一般の鉄道では普及しなかった。

鋼製のトレッスル橋としては、明治45年に完成した山陰本線の餘部《あまるべ》橋梁が有名で、11基の橋脚で支え、地盤からの最大高さ41・5メートル、橋長は310・6メートルという規模であったが、平成22年（2010年）に架けかえられた。現地には終点方の3径間のみが保存され、その最上部は「空の駅」と

※1 外日本の鉄道は主に1,076ミリを用いたが、それよりも狭軌であった762ミリを改軌して列車の直通運転を可能にし、輸送力を高めた
※2 径間とは橋台または橋脚の間隔を示す言葉で、7径間は1対の橋台の間に6箇所の橋脚が建っていることを示す

称する展望施設として利用されている。
トレッスルは部材の数が多くなり、規模も大きくなるため、川に橋脚がある場合、流水抵抗が大きく流されやすい。さらに、出水時には流木なども衝突しやすい。このため、適用できる立地条件も限られ、鉄道橋として用いられている例は全国でも数例のみの希少種である。［小野田］

道路を跨いでそびえ立つトレッスルは、かつて山陰本線の名勝地として知られた餘部橋梁を彷彿とさせる

information

所在地：東京都青梅市沢井1丁目・二俣尾5丁目
JR青梅線「軍畑駅」から徒歩約4分

写真右が玉川上水、左が多摩川。多摩川から流れてきた水は第一水門（写真奥）を通り、第二水門（写真手前）を通って玉川上水へと流れていく

58 江戸の上水を支えた玉川上水の出発点

羽村取水堰

用水路は、農業用水や飲料水を取水口から水路で導き、田畑や人家に水を配りながら下流へと至る。このため、一般の河川とはまったく逆で、上流に取水口が一カ所あり、下流に流れるに従って水は分水を繰り返しながら消滅する。水を高い場所から低い場所に導くためには地形の標高差を利用し、配水する地域よりも高い場所に取水口を設けなければならない。玉川上水［146頁］の取水口として、羽村《はむら》の地が選ばれた理由については諸説あるが、標高差に加えて、この場所で多摩川が蛇行し、水を集めやすい地形であったことなどが指摘されている。

　羽村取水堰は、多摩川の流れを堰止めるための取水堰と、玉川上水の取水口となる第一水門、水量を調整するための第二水門があり、さらにその約430メートル下流に村山貯水池（多摩湖）［164頁］と山口貯水池（狭山湖）へ分水するための第三水門が配置されている。現在の施設は、明治33年

※1 網カゴに石を詰めた俵状の土木材料で、主として水流や土砂崩壊を防ぐために使用される
※2 聖牛は丸太や鉄筋コンクリートの部材を三角形に組んだ枠状に組んだ制水工の一種で、水勢を弱める役割を果たす

上：多摩川の中に建てられた4つの柱の間に、それぞれ十数本の杭を打ち込み、桁を渡して水を堰き止める投渡堰による取水堰。台風などで多摩川の水量が増加した際は桁を外して、多摩川へそのまま水を流す仕組み。第一水門で玉川上水側へと取水された水の一部が小吐水門（写真右）から多摩川へと戻される
下：多摩川から取水された水は尾根筋を通る玉川上水［146頁］へと流れていく

information

所在地：東京都羽村市羽東3丁目・玉川1丁目　JR「羽村駅」から徒歩約10分。駅から羽村取水堰の道中には、旧鎌倉街道と羽村街道と新奥多摩街道の交差点には螺旋階段付きの珍しい歩道橋もある。開削を行った庄右衛門・清右衛門の玉川兄弟の像は中洲にある。水場屋の跡（羽村陣屋跡）などもあり、見所が数多くある

（1900年）から大正13年（1924年）年にかけて整備された。取水堰は「投《なげ》渡《わたし》堰」と呼ばれる特殊な方法を用い、増水した際には「投渡木」（なぎ）と呼ばれる丸太を外して川に流し、水門を護った。また水制工として、蛇籠《じゃかご》［※1］や聖牛《ひじりうし》［※2］などを用いて水の流れを制御した。

周辺は小公園として見学のための案内板などが整備され、私財を投じて玉川上水の工事にあたった玉川兄弟の銅像が取水堰を見守っている。また、羽村堰下橋を渡った対岸には羽村市郷土博物館があり、玉川上水の歴史や役割が展示されている。正確な地形図がなかった時代に、約40キロメートルも東に離れた江戸まで、どのような判断に基づいてルートを決めたのか、どのような測量や工事が行われたのか、ほんとうに着工して通水までわずか7か月だったのかなどについては今も諸説がある。その出発地点に立つだけでも事業の難しさを実感することができ、様々な想像が駆けめぐる。［小野田］

山々に囲まれた奥多摩湖［150頁］とは対照的に、周りに大きな山がなく空が大きく広がる。遊歩道を歩いて散歩するのも気持ちがよい

59 「日本一美しい取水塔」を有する東京の水瓶

村山貯水池【昭和2年】

東京と埼玉をまたがる狭山丘陵につくられた村山貯水池と山口貯水池。人口湖としてそれぞれ「多摩湖」「狭山湖」と呼ばれる2つの貯水池は連絡管でつながっており、一体的に運用されている。東京の水瓶としての2つの貯水池は、明治後期からの急激な東京の人口増加に伴い、安定的な水供給の必要性に駆られて建設された。村山貯水池は大正5年（1916年）から約10年の歳月をかけて昭和2年（1927年）に竣工し、山口貯水池はその後の昭和9年に竣工した。

いずれも竣工当時は土構造物として、日本で最大の高さを誇るものだった。貯水池の上部には戦争遺産の玉石による耐弾層の一部を見ることができる。耐弾層は太平洋戦争が起こり、爆撃に対して堤体を守るために構築されたものだ。いかに東京の市民の生活を守る重要なインフラとして認識されていたかを読み取ることができる。

村山貯水池の南側には、ドーム屋根

※1 貯水池の水位が上がった際に水を放流する設備
※2 余水吐から流れてきた水の勢いを弱めるための設備。上流側と下流側には水面に落差があり、放流される水は勢いを増すため、抑制してダムなどの安全性を確保する

の塔が2棟ある。重厚なデザインのドーム屋根やアーチ窓、タイル壁で構成されているのが第一取水塔で、貯水池の建設にあわせてつくられた。東京都選定歴史建造物にも選定されており、「日本一美しい取水塔」とも言われる逸品だ。また、取水口に取りつくトラス橋や周辺の余水吐《よすいばき》［※1］、「十二段の滝」と呼ばれている減勢工《げんせいこう》［※2］も美しくデザインされており、土木構造物としての魅力を高めている。

　2つの貯水池の建設には、軽便鉄道が活躍した。建設完了後に廃線となっているが、貯水池の周辺には現在もその軌道跡が遊歩道や自転車道として残されている。貯水池の西側に位置する羽村堰［162頁］からほぼ東西に一直線に横田基地を横断しながら伸びる軽便鉄道跡の道は、導水管が通っており、貯水されている水の通り道でもある。赤坂トンネルや赤堀トンネルなど、やや小ぶりでかわいらしいトンネルも、建設当時に思いを馳せることができる土木遺産である。

　東京を支える一大プロジェクトとしての2つの貯水池。様々な技術や美しさへのこだわりに、当時のこの土木構造物にかける想いを感じ取ることができる。［高柳］

堤体の補強工事により、耐弾層は撤去されたが一部で復元保存されている。また、耐弾層撤去の際にその中に埋もれていた建設当時の親柱や高欄も保存・展示されている

上：減勢工として設けられた十二段の滝。貯水池の東側にある都立狭山公園内にあり、十二段の滝はそのまま北川となり、最後は柳瀬川に合流する
下：第一取水塔は大正15年に完成。細部まで凝ったルネサンス様式の美しい外観。奥に見える第二取水塔は、第一に合わせたデザインで昭和48年完成した

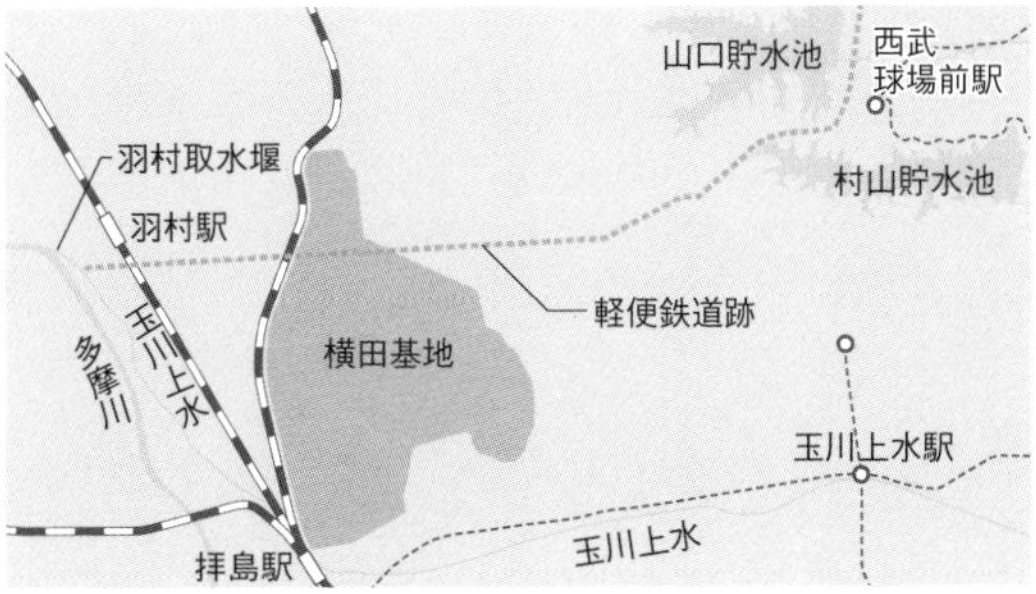

information

所在地：東京都東大和市多摩湖4丁目644・6丁目2226
村山貯水池の堤体がある都立狭山公園へは西武多摩湖線「多摩湖駅」より徒歩約3分

60 使い続けられる
大正期のネオバロック式アーチ橋

長池見附橋 【大正2年】

東京西部の多摩ニュータウン。近代的なマンションが建ち並ぶその中に、ひときわクラシックな橋が架かる。橋の名は長池見附橋。レースのようなデザインの欄干とブロンズの橋灯が目を引く。

この欄干は見覚えがある。橋の中央まで歩を進めると……やっぱりある橋名板、そこには「四谷見附橋」と刻まれている。そう、この橋はかつて「四ツ谷駅」前に架かっていた四谷見附橋を、多摩ニュータウンに移設したもの。この橋が四谷見附橋として架橋されたのは大正2年（1913年）、鋼鉄製の「アーチ橋」という構造でつくられた。皇居から赤坂離宮（現迎賓館）へ向かう際、その玄関口にあたることから、離宮の建築様式に合わせてネオバロック様式でデザインされたという。

昭和の終わり頃、前後の甲州街道の拡幅に合わせ、四谷見附橋の架け替え計画も進んでいた。しかし、歴史的名橋が消え去ることに地元住民が反対。事業を進める建設省と東京都は、都内

長池公園の中に移設された長池見附橋（旧四谷見附橋）。長池の水鏡にうつり、美しさが倍増する

上：復元された桁端部の飾りやリベットなど、ディテールにも注目してほしい
中：橋の中央付近には「四谷見附橋」と、かつての名が刻まれた橋名板がある
下：四谷見附橋で使われていた部材がアートのように並ぶ。路面電車が走っていたことが分かる橋の断面、路面は石畳だった

information

所在地：東京都八王子市別所2丁目58（長池公園内）　京王線「南大沢駅」から徒歩約20分。南大沢駅前には輪舞歩道橋［次頁］がある

最古の鋼鉄製のアーチ橋であることや、迎賓館とのデザインの共通性などを踏まえて「土木史上、大変価値が高い橋」という土木学会の答申を受けて、橋を単に撤去するのではなく、多摩ニュータウンへ移設することを決めた。橋などの土木構造物に歴史的価値があるとの評価、そして移設保存。これは、機能を満たさなくなれば何の躊躇もなく撤去、更新するのが常だった土木構造物にとって、画期的な出来事だった。

　橋を移設するにあたって、失われていた橋桁端部の飾りなども復元。そして橋の組み立てにあたっては、鉄材と鉄材の接合に、大正時代と同じリベット（鉄鋲）を用いるなど、次世代に文化財として伝えるために、細部までオリジナルの復元にこだわった。

　橋のある長池公園には、移設時に用いられなかった橋のパーツが展示されている。まるでパブリックアートのよう。これらを見ると、姿が美しい橋はパーツも彫刻のように美しいのだと実感すること請け合いである。［紅林］

61 日本の歩道橋の歴史を変えた個性派ぞろい

多摩ニュータウンの歩道橋群

多摩ニュータウンは、昭和40年代から平成10年代にかけて、東京西部の多摩市、八王子市、稲城市にかかる多摩丘陵を造成して建設された。ニュータウンの建設が始まった昭和40年代は、急増した自動車に道路建設が追い付かず、日本国内で交通事故が急増。それは「交通戦争」と呼ばれるほどの窮状であった。ニュータウンは交通事故と無縁な街にしようと、徹底した自動車と歩行者の分離が図られ、車が通る道とは分離した歩行者専用道「ペデ」を建設。このペデは、駅を降りた住民が、車が通る道を歩くことなく自宅まで到達できるように計画的に配置された。

多摩ニュータウンでは、野猿街道や鎌倉街道などの幹線道路は、造成前と同様に川に沿った谷筋の低地を通っている。一方、宅地は丘陵地中心に建てられ、ペデも必然的にここを結び建設され、街区と街区の間には、低地にある道路をオーバーして歩道橋が設けられた。ニュータウン内に建設された歩

輪舞《りんぶ》歩道橋
【平成８年】
京王相模原線の南大沢駅前に架かる、直径約54m、周長約170mという巨大な円形のプレストレストコンクリート円形箱桁《けたばし》橋。国内唯一の施工事例。「ロンド歩道橋」とも呼ばれる

道橋は約２００橋に及ぶ［※］。

歩道橋と言えば、上から見ると「コの字」型の個性が無く無機質な建造物というのがお決まりであった。しかし多摩ニュータウンでは、多さを逆手にとって、歩道橋により街区の差別化を図り、景観上のワンポイントとなるよう様々な構造が用いられた。このため、ニュータウンの建設を境にして、日本の歩道橋の姿は大きく様変わりすることになったのだった。ニュータウンを東西に結ぶ南多摩尾根幹線を中心に、輪舞《りんぶ》歩道橋やくじら橋など、ここでしか見られないような変わった歩道橋が架かっているので、お気に入りの逸品を探しに行ってみるのもよいだろう。

多摩ニュータウンの橋はコンクリート橋が主体。これは、ニュータウンの建設は公団や都が担ったが、完成後は市が管理するため、維持管理がしやすいようにということならではの理由から。鋼鉄製の橋でも黒錆により表面が保護され塗装が不要な耐候性鋼材が多く用いられたのだった。［紅林］

※ 東京都全域で、東京都が管理する歩道橋の数は約600橋であるから、その数の多さを想像できよう。

くじら橋【平成10年】

「プレストレストコンクリートラーメン橋」という構造で、下から見上げるとその名の通り、姿は鯨そのもの。3次元の曲面でつくられ、それにより生じる陰影が鯨に見せる。最初から鯨を狙ってつくったわけではなく、たまたま出来上がった形が鯨に似てしまったという

弓の橋【昭和60年】

南多摩尾根幹線に架かる。外形が弓の形に見えるところから名付けられた。橋桁に耐候性鋼材を用いた中路式の「ニールセンローゼ橋」（アーチから格子状に配したケーブルで橋桁を吊った構造）

一本杉橋【昭和56年】

南多摩尾根幹線に架かる。プレストレストコンクリート斜張橋《しゃちょうきょう》。塔から斜めに張ったケーブルを橋桁につないで支える斜張橋ならではの直線的でシャープなフォルムが特徴

Y字橋【昭和57年】

南多摩尾根幹線に架かる。上空から見ると橋の形が「Yの字」に見えるところから名付けられた。耐候性鋼材を用いた曲線箱桁橋という構造

鶴乃橋【昭和58年】

橋の構造は、上にとび出た橋桁の形状がイルカの背びれに似ていることから「フィンバック（イルカの背びれ）型」と呼ばれる「有ヒンジプレストレストコンクリートラーメン橋」。スレンダーで流れるような外観が美しい

information

所在地：東京都稲城市・多摩市・八王子市・町田市。本書で紹介した歩道橋は前頁のMAPを参照　【輪舞歩道橋】京王線「南大沢駅」から徒歩約3分　【くじら橋】京王線「稲城駅」から徒歩約24分　【弓の橋】小田急線「はるひ野駅」から徒歩約18分　【一本杉橋・Y字橋・鶴乃橋】小田急線「唐木田駅」から徒歩それぞれ約30分・約22分・約15分

江戸時代、元文6年（1741年）には地元の人々による普請で改修工事が行われた記録が残る。このことから熊野神社とともに井戸は地域の人々にとって重要な存在であったことがわかる

62 時代を越えて地元に根付く

五ノ神 まいまいず井戸

【鎌倉時代】

JR羽村駅を降りてすぐ、熊野神社の横に不思議な形をした井戸がある。五ノ神まいまいず井戸と呼ばれるこの井戸は、地元の伝説では9世紀頃に創始されたとされるが、実際には鎌倉時代の創建と考えられている。

まいまいずとは、この地域でカタツムリのこと。井戸に向かってぐるぐると回りながら下りていく様子がカタツムリの殻の模様に似ていることから付けられた。地表面での直径は約16メートル、深さは約4.3メートルあり、その深さを地上から2周まわっていくと、井戸にたどり着く。

なぜこのような不思議な逆円錐型の井戸がつくられたのだろうか。ポイントはこの土地の地質にある。武蔵野台地上にあるこの地は、砂礫《されき》層の地質。中世では砂礫層に筒状の井戸を掘る技術が未発達であったために、このような逆円錐型の井戸が掘られたと考えられている。

玉川上水の開削が承応2年（1653年）なので、羽村であれば近隣に流れる玉川上水を使用していたのではないかと思うところだが、羽村取水堰［162頁］からはひとつ上の段丘面にある五ノ神地区では、上水の開削後も引き続きまいまいず井戸から水を得ていたという。

武蔵野台地では、五ノ神のみならず青梅や府中など、多摩地域で同様の構造を持つまいまいず井戸を見ることができる。また、八丈島の西側、八重根地区にもメットウ井戸として同様の井戸が見られる。［高柳］

information

所在地：東京都羽村市五ノ神1丁目2-1　JR「羽村駅」から徒歩約1分。羽村取水堰までは徒歩約16分

参考文献

全体・各章以外

- **オンライン土木博物館ドボ博「東京インフラ解剖」展**
  https://www.dobohaku.com/tokyo/

- 川端康成『川端康成全集第 4 巻』新潮社、1981
- 川端康成『川端康成全集第 26 巻』新潮社、1982
- 藤井肇男『土木人物事典』アテネ書房、2004
- 藤森照信『明治の東京計画』岩波現代文庫、2004
- 北河大次郎編『技術者たちの近代』土木学会、2005
- 土木学会編『日本の土木遺産（ブルーバックス）』講談社、2012
- 小野田滋『東京鉄道遺産（ブルーバックス）』講談社、2013

Ⅰ章

- 「東京ゲートブリッジパンフレット」国土交通省
- 江東区環境清掃部温暖化対策課環境学習情報館「若洲風力発電施設施設案内」江東区、https://www.city.koto.lg.jp/380291/machizukuri/kankyo/energy/shisetsu/26660.html（参照 2023.03.07）
- 東京都環境局「東京ららら。東京都の風力発電サイト」東京都環境局、https://www.kankyo.metro.tokyo.lg.jp/climate/renewable_energy/action_initiative/wind_power/faq.html（参照 2023.03.07）
- 国土交通量関東地方整備局東京港湾事務所「東京港港湾計画全容」東京港港湾事務所、https://www.pa.ktr.mlit.go.jp/tokyo/work/index.htm（参照 2023.03.07）
- 大野伊佐男「東京港埋立のあゆみ」東京みなと館、https://www.tokyoport.or.jp/43pdf_01.pdf（参照 2023.03.07）
- 渡邊大志『東京臨海論　港からみた都市構造史』東京大学出版会、2017
- 『品川御台場』品川歴史館図録、2011
- 土木工業協会、電力建設業協会編『日本土木建設業史』技報堂、1971
- 「勝鬨橋パンフレット」東京都建設局

Ⅱ章

- 「東京港連絡橋の景観について」東京港連絡橋の景観検討委員会、1988
- 国土交通省航空局「羽田空港のこれから」国土交通省、https://www.mlit.go.jp/koku/haneda（参照 2023.03.07）
- 衣本啓介「羽田空港の歴史」『地図』vol.48, No.4, 2010
- 佐伯登志夫「羽田空港 D 滑走路建設工事の概要」『コンクリート工学』vol.49, No.1、2011
- 野口孝俊、渡部要一、鈴木弘之、堺谷常廣、梯浩一郎、小倉勝利、水野健太「羽田空港 D 滑走路の設計」『土木学会論文集 C（地圏工学）』vol.68, No.1、2012
- 佐々木慶伍「羽田スカイアーチの架設」『AIRPORT REVIEW』1993 年 6 月号
- 鈴木伸也、本田卓士、徳永詩穂、樫本修二、須藤丈、神出壮一「多摩川スカイブリッジの計画・設計」『橋梁と基礎』2022 年 1 月号

●III章

● 内藤昌『江戸と江戸城』鹿島出版会、1966
● BARTHE, Roland『L' empire des signes』Editions Albert Skira、1970
● 鈴木啓『図説 江戸城の石垣』歴史春秋出版
● 鈴木理生『江戸と江戸城』新人物往来社、1975
● 鈴木理生『江戸はこうして造られた』ちくま学芸文庫、2000
● 鈴木理生編著『図説 江戸・東京の川と水辺の事典』柏書房、2003
● 法政大学エコ地域デザイン研究所編『外濠ー江戸東京の水回廊』鹿島出版会、2012
●『月刊文化財』第一法規、2020 年 1 月号
● 国土政策機構『国土を創った土木技術者たち』鹿島出版会、2000
● 東京人編集室『江戸・東京を造った人々 1　都市のプランナーたち』ちくま学芸文庫、2003
● 小野良平「震災復興期に至る公園設計の史的展開について」『造園雑誌』第 53 巻 , 第 5 号、1989
● 新宿区みどり土木部道路課「ワービット舗装の保存について」新宿区、https://www.city.shinjuku.lg.jp/kusei/file16_17_00006.html（参照 2023.03.07）
● 豊島光夫「The 東京礫層」『土と基礎』第 40 巻 , 第 3 号、1992
● 田中弥寿雄「東京タワーの基礎」『土と基礎』第 40 巻 , 第 3 号、1992
● コーティングメディアオンライン「東京タワーが育む塗装職人 平岩塗装」2020-04-01、https://www.coatingmedia.com/online/b/post-798.html（参照 2023.03.07）
● 東京電波塔研究会『東京タワー 99 の謎』二見書房、2006

●IV章

● 小野田滋『高架鉄道と東京駅（交通新聞社新書）』交通新聞社、2012
●『開橋記念日本橋志』東京印刷株式会社、1912
●「常磐橋改修工事完成」東京市公報、1934.10.20
●『東京地下鉄道史』東京地下鉄道株式会社、1934
●『岡部三郎さんを偲んで』岡部三郎追想録刊行委員会、1980
●『プレストレストコンクリート構造物設計図集 第 2 集』プレストレストコンクリート技術協会、1981
● 石橋忠良「次世代の技術者へ　第 30 回高架橋」株式会社鋼構造出版、2022.02.01、https://www.kozobutsu-hozen-journal.net/series/25657（参照 2023.03.07）
● 小野田滋「首都圏のインフラを支え続ける鉄道用コンクリート構造物を訪ねて」『コンクリート工学』第 58 巻 , 第 5 号、2020
● 竹田知樹、関文夫「設計思想から見た鉄道高架橋の構造形態の変遷に関する一考察」『土木学会景観・デザイン研究講演集』No.13、2017

●V章

● 田中豊「竣功せし新永代橋」『土木建築工事画報』1927.3
● 成瀬勝武他『万有科学体系続編 第 8 巻』万有科学体系刊行会、1929
● 田中豊、成瀬勝武他「復興橋梁座談会」『エンジニア』1930.3
●「直木倫太郎追悼号」『土木満洲』満洲土木學會、1943.6
●「直木倫太郎追悼号」『満洲帝国国務院大陸科学院画報』1943.12
● 成瀬勝武「土木技術家の回想」『土木技術』1970.4
● 稲垣達郎他編『荷風全集 第 17 巻』岩波書店、1964

- 小西厚夫、慶伊道夫、加賀美安男、中西規夫「東京スカイツリーの構造計画」『溶接学会誌』第 82 巻，第 4 号、2013
- 平塚桂『東京スカイツリーの科学』SB クリエイティブ、2012
- 東京スカイツリー「東京スカイツリーを知る」東武鉄道・東京スカイツリー、https://www.tokyo-skytree.jp/about（参照 2023.03.07）
- 「長老に聞く（鈴木俊男先生）」『JSSC 会報』日本構造協会、2000.4
- 水門の風土工学研究委員会編『鋼製ゲート百選』技報堂出版、2000
- 大野美代子、エムアンドエムデザイン事務所編『スツールからブリッジまで』2018
- 「荒川下流改修工事概要」内務省東京土木出張所、1924
- 真田秀吉著『内務省直轄土木工事略史・沖野博士伝』旧交会、1959
- 建設省関東地方建設局『江戸川改修の記録　工事写真集』建設省関東地方建設局江戸川工事事務所、1985
- 西川喬『治水長期計画の歴史』水利科学研究所、1969

Ⅵ章

- 山田正男『時の流れ・都市の流れ』鹿島研究所出版会、1973
- 大井智子「官民連携で渋谷に浮かぶ“空中公園”」『日経コンストラクション』750 号、2020
- 「MIYASHITA PARK」『新建築』2020 年 9 月号、新建築社、2020
- 窪田亜矢「都市における『公園』の再考　事例研究：繁華街・渋谷における宮下公園の変容」『日本建築学会計画系論文集』第 86 巻 , 第 781 号、2021
- 高田久夫、鈴木隆文、丸山明紀「線路直下地下切替工法（STRUM）による鉄道営業線の地下化工事（東急東横線渋谷駅～代官山駅）」『コンクリート工学」第 54 巻 , 第 1 号、2016
- 「ログロード代官山」『商店建築』2015 年 8 月号、商店建築社、2015
- 首都高速道路株式会社 計画・環境部 環境課「大橋“グリーン”ジャンクションの環境への取組」『道路行政セミナー』2013 年 7 月号、2013
- 長田光正、深山大介、下西勝「都市内長大トンネルの概要（首都高速山手トンネルの開通と中央環状品川線の概要）」『コンクリート工学』第 49 巻 , 第 1 号、2011
- 東京都建設局河川部編『東京の中小河川』東京都建設局、1972
- 倉嶋明彦「東京地下河川」『河川』1997 年 5 月号

Ⅶ章

- 東京都水道局『小河内ダム』技報堂、1960
- 東京都水道局『小河内ダム竣工 50 年の歩み』2007
- 東京都水道局『小河内ダム』技報堂、1960
- 「奥多摩橋パンフレット」東京都西多摩建設事務所
- 一般社団法人日本ダム協会「村山下ダム」http://damnet.or.jp/cgi-bin/binranA/All.cgi?db4=3323（参照 2023.03.07）
- 一般社団法人日本ダム協会「村山上ダム」http://damnet.or.jp/cgi-bin/binranA/All.cgi?db4=0690（参照 2023.03.07）
- 東京都水道局「東京水道名所 村山・山口貯水池（多摩湖・狭山湖）」https://www.waterworks.metro.tokyo.lg.jp/kouhou/meisho/murayama.html（参照 2013.03.07）
- 『多摩ニュータウン四谷見附橋再建工事誌』住宅・都市整備公団南多摩開発局、1994
- 紅林章央『東京の橋 100 選＋ 100』都政新報社、2018
- 石川大輔、岩屋隆夫「まいまいず井戸の開発実態とその特徴について」『土木史研究』第 20 巻、2000
- 山中勝、趙明哲、吉川慎平「名水を訪ねて（139）東京都多摩地域の名水―再訪の名水を含めて―」『地下水学会誌』第 64 巻 , 第 4 号、2022

プロフィール
profile

北河大次郎

文化庁主任文化財調査官。東京大学工学部卒。フランスのエコール・ナショナル・デ・ポンゼショセ博士課程修了。博士（国土整備・都市計画）。文化庁入庁後、イタリア勤務、東京文化財研究所勤務を経て、2019年から文化庁にて近現代建造物を担当。専門は土木史、文化財。主な著書に『近代都市パリの誕生』（河出書房新社、サントリー学芸賞・交通図書賞）。土木学会のオンライン土木博物館ドボ博の館長も務める

小野田 滋

（公財）鉄道総合技術研究所 アドバイザー。1957年愛知県生まれ。1979年日本大学文理学部応用地学科を卒業し、日本国有鉄道入社。鉄道技術研究所、西日本旅客鉄道などを経て、現在、鉄道総合技術研究所勤務。博士（工学）。著書に『高架鉄道と東京駅』（交通新聞社新書）、『東京鉄道遺産』（講談社）、『橋とトンネル』（河出書房新社）など。NHK「ブラタモリ」などに出演。NHK青山教室で「土木遺産を訪ねて」の講座を担当する

紅林章央

（公財）東京都道路整備保全公社 道路アセットマネジメント推進室長。土木学会関東支部選奨土木遺産選定委員長、元東京都建設局橋梁構造専門課長。東京都八王子市出身。名古屋工業大学卒。1985年入都、奥多摩大橋、多摩大橋をはじめ多くの橋や新交通「ゆりかもめ」、中央環状品川線などの建設に携わる。著作に『東京の橋 100選＋100』『HERO 東京をつくった土木エンジニアたちの物語』（共に都政新報社）など。『橋を透して見た風景』（都政新報社）で平成29年度土木学会出版文化賞を受賞

高柳誠也

東京理科大学創域理工学部建築学科助教、博士（工学）。専門は都市/地域（集落）計画およびデザイン・景観デザイン・空間解析。1987年長野県松本市生まれ。東京大学大学院工学系研究科社会基盤学専攻修士課程修了後、乾久美子建築設計事務所で建築設計、大槌町役場（復興支援応援職員）で復興関連施策の立案・実施に従事。2019年より現職。日本国内の集落から都心部までフィールドワークとデータ解析による研究と実践を行っている

東京の美しいドボク鑑賞術

2023年5月1日　初版第1刷発行

著者　北河大次郎、小野田滋、紅林章央、高柳誠也

発行者　澤井聖一

発行所　株式会社エクスナレッジ
〒106-0032
東京都港区六本木7-2-26
https://www.xknowledge.co.jp/

問合せ先

編集　Tel. 03-3403-1381
Fax 03-3403-1345
info@xknowledge.co.jp

販売　Tel. 03-3403-1321
Fax 03-3403-1829